密云水库库滨带
非点源氮素去污数字模拟及其环境效应分析

赵海根　游松财　黄迎春 ◎ 著

U0306606

中国农业科学技术出版社

图书在版编目（CIP）数据

密云水库库滨带非点源氮素去污数字模拟及其环境效应分析 / 赵海根，游松财，黄迎春著.—北京：中国农业科学技术出版社，2020.10

ISBN 978-7-5116-5065-8

Ⅰ.①密… Ⅱ.①赵… ②游… ③黄… Ⅲ.①水库-非点污染源-污染防治-数字仿真-研究-密云区 Ⅳ.①X524-39

中国版本图书馆 CIP 数据核字（2020）第 191436 号

责 任 编 辑	周丽丽
责 任 校 对	贾海霞
出 版 者	中国农业科学技术出版社
	北京市中关村南大街12号　邮编：100081
电 话	（010）82105169（编辑室）　（010）82109702（发行部）
	（010）82109709（读者服务部）
传 真	（010）82106626
网 址	http://www.castp.cn
经 销 者	各地新华书店
印 刷 者	北京建宏印刷有限公司
开 本	710mm×1 000mm　1/16
印 张	6
字 数	108千字
版 次	2020年10月第1版　2020年10月第1次印刷
定 价	50.00元

◄━━◄ 版权所有·翻印必究 ►━━►

《密云水库库滨带非点源氮素去污数字模拟及其环境效应分析》

著者名单

主　著　赵海根　游松财　黄迎春

著　者（按姓氏笔画排列）

王雪蕾　李斌斌　宋文龙

娄和震　蔡明勇　薛万来

内容提要

本书以密云水库库滨带为研究对象，从岸边带对污染物的去除机理出发，构建密云水库库滨带流域尺度生态水文模型——RIPAM-N模型（RIPArian Nitrogen Model）。RIPAM-N模型是由北京师范大学开发的EcoHAT（Ecohydrological Assessment Tool）生态模拟系统中用于模拟岸边带流域尺度的去污模型。应用RIPAM-N模型对密云水库库滨带2015年4—9月的非点源氮素污染进行模拟，并以此为基础进行密云水库库滨带非点源污染的控制效应研究。主要研究内容及结果如下。

第一，密云水库库滨带生态环境因子的遥感解析。选择GF-1号遥感影像数据，运用"天—星—地"一体化的技术方案，完成了研究区2015年的土地利用遥感解译。密云水库库滨带中，林地面积最大，为91.50km²；其次为草地和耕地，面积分别为77.25km²和23.61km²；居民、工矿用地和未利用的面积为10.28km²。

以Landsat 8 OLI遥感卫星影像为数据源，本研究定量遥感反演了研究区30m分辨率的地表反照度、归一化植被指数、植被盖度、叶面积指数和根系深度。4—9月，这些参数流域平均值范围分别为0.13～0.19m、0.27～0.73m、0.42～0.80m、1.42～4.0m和0.25～0.32m。

第二，集成遥感信息的RIPAM-N的构建。RIPAM-N模型可以概括为两大部分，分别为土壤去氮模拟和植被吸氮模拟，具体分为8个子模块：土壤水分模拟子模块、土壤温度模拟子模块、土壤硝化模拟子模块、土壤反硝化模拟子模块、土壤氨化模拟子模块、净初级生产力（NPP，Net Primary Productivity）模拟子模块、植被生产力分配模拟子模块和植被营养元素吸收模拟子模块。土壤去氮模型均是日尺度模型，植被吸氮模型采用月尺度模拟。除此之外，本研究还针对原有RIPAM-N模型中植被地下部分考虑不足和运算效率不高的缺点进行了改进，对原模型集成了遥感反演得到的植被地下根系分布数据和影像多线程分块技术算法。

第三，RIPAM-N模拟结果分析与验证。RIPAM-N模型对密云水库库滨带流域的模拟结果包括：土壤水热条件、土壤去氮反应速率、植物吸氮过程中NPP和对N营养元素吸收负荷的月变化。对模拟的空间分布信息进行统计分析，结果表明：①4—9月的平均反硝化速率分别达到0.88和0.93mg N/（m²·d），0.31和0.34mg N/（m²·d），3.13和3.39mg N/（m²·d）。4—9月，林地、灌丛、园地、耕地和草地的平均土壤反硝化速率分别为0.74mg N/（m²·d）、0.79mg N/（m²·d）、0.76mg N/（m²·d）、0.31mg N/（m²·d）和0.21mg N/（m²·d）；林地、灌丛、园地、耕地和草地月均硝化速率为0.33g N/（m²·d）、0.29g N/（m²·d）、0.22g N/（m²·d）、0.34g N/（m²·d）和0.24g N/（m²·d）；林地、灌丛、园地、耕地和草地的月均氨化速率为3.27mg N/（m²·d）、2.84mg N/（m²·d）、2.16mg N/（m²·d）、3.34mg N/（m²·d）和2.40mg N/（m²·d）。②流域植被在7月和8月显示出较强的去氮能力，去氮负荷平均分别为1.48g N/m²和1.65g N/m²；流域不同植物类型在生长期对N元素的吸收能力存在如下关系：林地>园地>灌丛>耕地>草地>湿生植被群落，乔灌木植物比草本植物具有更强的N元素吸收能力。

本书模拟结果的验证采用文献对比的方式进行间接验证。为了尽量减少气候要素对模型结果验证的影响，本书选择8月进行结果验证。文献中搜集的灌木、草地和湿生植物的氮元素吸收实验值与本书的模拟值相关性分析结果显示两者相关性较好，$R^2=0.96$；统计计算，本次模拟得到流域植被吸收氮素负荷的平均值为1.42g/m²，文献中对应值为1.65g/m²，模拟结果较为接近。流域平均土壤反硝化、硝化和氨化的速率分别为0.59mg N/（m²·d）、0.28g N/（m²·d）、2.85mg N/（m²·d）和文献8月相应量值的0.75mg N/（m²·d）、0.29g N/（m²·d）、2.97mg N/（m²·d）相接近。本书模拟的8月的密云水库库滨带流域月平均水分含量为33.90mm，文献提供的8月对应量为34.44mm，流域土壤水模拟接近。除了对模拟结果进行对比验证以外，本书还对比了流域月平均地表反照度（Albedo）和植被特征参数。本研究中Albedo的4—9月平均值分别为：0.15、0.17、0.18、0.16、0.15和0.14，与文献的0.18较为接近。本书中密云水库库滨带植被盖度反演平均值为0.74，叶面积指数平均值为3.97，都在文献值（植被盖度在0.7～0.8，叶面积指数大部分在3～5）的范围之内。

第四，密云库滨带流域非点源污染控制效应分析。RIPAM-N模拟结果表明：①4—9月密云水库库滨带流域土壤反硝化去氮量、土壤硝化去氮量、土壤氨化去氮量和土壤去氮总量分别为20.02t、28.15t、111.98t和160.15t，植物吸收氮量为1 087.13t；对氮素的总去除量为1 407.43t；②不同土地利用类型对土壤去氮机制的影响不同，林地类型最有利于氮素的去除，4—9月林地对氮素的去除量为847.87t，占流域总去氮量的69.81%；其次为草地和园地，总去氮量分别为155.95t和109.92t，占总流域氮总去除量的12.84%和9.05%；灌丛去氮量为13.71t，占总去氮量的1.13%；湿生植被的总去氮量值最小，值为0.13t。

前　言

　　库滨带是陆地生态系统和水生生态系统之间进行物质、能量、信息交换的重要生物过渡带。库滨带生态系统在水库面源污染防治中是一个关键环节，对库滨带的合理管理不仅对水库水质的改善具有重要作用，同时对维护整个水库流域生态系统的健康和可持续发展起到关键作用。然而，库滨带毕竟是一种新的水库流域非点源污染生态控制工程方法，在建设过程中，还缺乏科学、完善的技术标准和管理体系，对其的基础性研究比较薄弱。因此，开展库滨带非点源源污染的控制效应研究就显得十分必要。密云水库位于北京市东北部山区，是北京最大的地表饮用水源供应地。因此，摸清库滨带流域尺度的非点源去污能力十分重要。

　　本书基于著者在密云水库库滨带的长期研究工作，系统总结了密云水库氮素污染物迁移的模拟技术。本书共6章，第1章介绍了库滨带去污研究的重要性以及国内外的研究现状，并提出了本书的技术路线、研究内容和关键技术；第2章介绍了库滨带流域环境要素的遥感解析方法，包括土地利用的遥感解译、归一化植被指数、叶面积指数和根系深度的的遥感反演和蒸散发的估算；第3章介绍了密云水库库滨带流域氮元素去污模拟模型的构建，包括土壤反硝化子模块、土壤硝化子模块、土壤氨化子模块、土壤水估算子模块、土壤温度反演子模块、植被净初级生产力估算子模块和植被营养元素吸收子模块；第4章主要介绍了模拟结果的精度验证和分析，主要分析了土壤水分模拟结果、土壤温度模拟结果、土壤去氮模拟结果、植被吸收氮元素模拟结果和模拟结果的验证精度；第5章介绍了密云水库库滨带非点源氮素污染的环境效应分析，主要包括库滨带植被和土壤的去污量估算和库滨带不同土地利用类型的环境效应分析；第6章总结了本研究的结果并提出了不足和改进之处。

　　本书由中国农业科学院农业环境与可持续发展研究所、北京师范大学水科学研究院、生态环境部卫星环境应用中心、中国水利水电科学研究院、水利部水土保持监测中心、北京市测绘设计研究院和北京市水科学技术研究院共同完成；第1章由赵海根、游松财、黄迎春共同撰写；第2章由赵海根、娄和震和宋文龙共同撰写；第3章由王雪蕾、赵海根和李斌斌共同撰写；第4章由赵海根、蔡明勇、王雪蕾共同撰写；第5章由赵海根、黄迎春和薛万来共同撰写；第6章由赵海根、游松财共同撰写。此外，全书由黄迎春进行了详细的文字、公式和图表检查和重新生成；游松财对全书的写作给予了悉心地指导和大力支持，在此一并感谢；同时，也感谢农业科学技术出版社的大力支持。

由于著者专业水平有限，书中难免存在谬误和不妥之处，敬请读者批评指正！

著　者

2020年6月，北京

目　录

1 | 绪 论

1.1 研究背景与意义

1.1.1 研究背景

水是生命之源、生态之基、生产之要，在自然界和人类生活中占据着不可替代的位置。从全球来看，地表水面积的30%～50%受到非点源污染的影响（Corwin，1997），非点源污染已经成为影响饮用水源和水环境生态平衡的最主要原因，受到国际水环境研究的高度关注（王晓燕，2011）。水环境质量恶化是中国水资源面临的三大问题之一，非点源氮素已经成为水体污染的主要来源之一（Nanus et al.，2008）。因此，对控制非点源氮素污染技术和措施的研究成为当前社会面临的重要内容。

密云水库位于北京市东北部山区，处于潮河和白河中游偏下位置。库区跨越两河，是北京最大的饮用水源供应地。库滨带范围是百年一遇河漫滩范围内，同时还包括与水体相联系的湿地，具体分为陆相库滨带（最高水位线以上）、库岸库滨带（水位波动带）和水相库滨带（浅水区）3个部分。当前密云水库的非点源污染治理形势严峻，是影响水库水质的主要污染源；且随着水库近些年集水量减少、库区流域人口增加和水库的自身特点，库区水体的营养程度已有从中营养型向富营养化发展的趋势，这将直接影响人们的生活和健康及北京市的供水安全，加剧北京市的供水紧张。

近两年，由于政策的影响，密云水库的生态环境发生了急剧的变化。为防止农业生产活动对水体造成污染，保护首都这"一库净水"，密云区启动密云水库水源地保护工程，水库周边148m高程以下10万亩耕地将全部退出耕种（范俊生和潘福达，2014）。除此之外，南水北调中线通水以来，密云水库用水量会进一步减少。同时，还有部分南水通过密云水库调蓄工程沿京密引水渠反向回补水库。北京市密云区防汛办2017年7月17日的消息显示，密云水库的储水量超过了18亿m³，水位到达了143.19m。这些政策的实施，使密云水库下垫面环境短时间内发生剧烈变化，而下垫面环境变化又会影响到库滨带对非点源污染的防治效果。所以，摸清库滨带流域尺度的非点源去污能力就显得非常重要。

库滨带即水库水陆交错带，是陆地生态系统和水生生态系统之间进行物质、能量、信息交换的重要生物过渡带。库滨带生态系统在水库面源污染防治中是一个关键环节，对库滨带的合理管理不仅对水库水质的改善具有重要作用，同时对维护整个水库流域生态系统的健康和可持续发展起到关键作用。然而，库滨带毕竟是一种新的水库流域非点源污染生态控制工程方法，在建设过程中，还缺乏科学、完善的技术标准和管理体系，对其的基础性研究比较薄弱。因此，开展库滨带非点源源污染的控制效应研究就显得十分必要。

1.1.2　研究意义

基于北京市水资源短缺和水环境恶化的现实，本书在库滨带理论研究和密云水库流域环境综合管理的实践中具有重要的科学意义和社会意义，具体表现在以下两个方面。

第一，以北京市水源地密云水库库滨带为研究对象，丰富了库滨带理论研究。水库作为河流的特殊存在形态，其水文条件和生境与河流存在较大差异，因此对水库库滨带的研究是对河流岸边带理论研究的重要补充，具有理论价值。

第二，库滨带是流域生态系统管理的"最后防线"，本课题利用遥感（Remote Sensing，RS）和地理信息系统（Geographic Information System，GIS）强大的空间信息获取和分析的技术优势，可以为流域管理部门在岸边带建设、流域生态景观规划等方面提供决策方案和技术支持。因此，本研究在水源地流域面源污染防治和管理工作中具有一定的应用价值。

1.2　国内外研究现状

1.2.1　岸边带作为非点源氮素进入水体的最后防线，对非点源氮素的截留机理复杂

水体岸边带是一种特殊的保护缓冲带（简称缓冲带）（Natural Resource

Conservation Service，1998），也称为岸边缓冲带（riparian buffer zone/area），是与水体发生作用的陆地植被区域（Thomas，1979；高大文和杨帆，2010），是陆地生态系统和水生生态系统之间进行物质、能量、信息交换的重要生物过渡带（戴金水，2005）。在我国，针对水体特征将湖泊岸边带称为湖滨带，水库岸边带称为库滨带，河流岸边带称为河岸（滨）带。非点源氮素是陆地水体的重要污染源之一，相邻高地土壤中的氮素通过岸边带进入相邻水体（陈爽，2004）。大量研究证实，岸边带作为流域非点源污染防治的最后屏障，对非点源污染消减作用显著（张建春和彭补拙，2002；陈爽，2004；卢宝倩，2008；阎丽凤，2010；Dosskey et al.，2010；宋思铭，2012；赵书法，2012；Sobota et al.，2012；王紫琦，2015；Wang et al.，2015）。

研究岸边带去污机制的前提是了解自然界中氮素的迁移循环过程。目前，微生物生长模型（Microbial Growth Model，MGM）（Grant et al.，2001）和简单过程模型（Simplified Process Model，SPM）（Sogbedi et al.，2001）被广泛用来描述自然界中氮素的循环过程。其中，MGM模型通常采用将一级动力学方程进行表达，把土壤反硝化、硝化等氮循环过程看作微生物有机体新陈代谢的作用，模型缺点是机理复杂参数不易获得；相比较MGM，SPM的机理较为简单，不考虑微生物活动和气体在土壤中的扩散作用，能将土壤硝化、反硝化和氨挥发过程用容易测得的参数土壤水分、土壤温度和硝态氮含量等进行表达。因此，SPM模型更有利于实现大空间尺度的氮循环模拟，具有广泛的应用前景。

针对自然界氮素的循环过程，岸边带对氮素的去除机制也较为复杂，主要包括土壤反硝化、土壤氨挥发和土壤硝化和植被吸收等过程（Arnold et al.，1994；Krysanova和Haberlandt，2002）。土壤反硝化反应和硝化反应过程产生的N_2O副产品是重要的温室气体之一（王雪蕾，2010）。由此可见，岸边带生态系统是把"双刃剑"，在对非点源污染物进行防治的同时也可能由于排放温室气体而导致小区域的气候变化，因此岸边带生态系统生态水文过程与氮素响应机制的研究意义重大。

1.2.2 环境变化对岸边带流域非点源氮素污染控制效应的研究有待拓展

岸边带流域作为一种非闭合的特殊流域，环境变化会影响流域的生态水文过程及其污染物去除。土地利用变化是环境变化的一种，其最有可能受到人类政策的影响从而发生显著的变化，这对于岸边带这种小尺度的流域的影响尤为显著，而对土地利用对于岸边带流域非点源污染的影响研究起步较晚。目前的研究多是通过在岸边带周围设置不同土地利用类型的缓冲区，利用实地观测和实验模拟的方法来分析土地利用类型对水质的影响。Maillard和Santos（2008）在巴西东南部的半干旱流域利用GIS和统计方法分析了不同土地利用类型缓冲区对河流水质的影响，结果研究表明土地利用类型与氮元素流失的关联显著。黄金良等（2011）运用空间分析和统计分析的方法对九龙江流域的缓冲带建立土地利用、景观格局和水质的关联，结果表明缓冲区的土地利用面积比例和景观指数与河流水质的关联显著。Sobota et al.（2012）的研究结果显示不同土地利用缓冲带中森林植被的恢复能够在人类影响的河流重建硝态氮自然吸收能力。Guo et al.（2014）在北京温榆河的研究显示不同植被类型具有不同的总氮和总磷，从而显著影响河流的污染情况。段诚（2014）在丹江口库区选择3种库岸植被缓冲带进行径流冲刷实验，发现不同植被类型缓冲带在不同流量和营养浓度条件下，对各种氮素的去除率在9%～78%。宿辉（2014）在岳城水库区修建四种不同植被类型的缓冲带实验区进行滨岸缓冲带系统的脱氮效应研究，表明乔草复合过滤带比单一草本过滤带具有更好的氮素去除效果。Wang et al.（2015）比较了闽江phragmites australis缓冲区湿地不同土地利用类型对污染物N和P浓度的影响，结果显示所有土地利用类型的氮的浓度相比较磷都在减小。Jiang et al.（2015）通过在黑河中游岸边带进行样点抽取分析后得出土壤湿度、土壤总氮和土壤总磷等土壤性质大部分都受到土地利用变化的显著影响。吴薇等（2015）通过对丹江库区典型坡面4个土地利用类型3个土层的硝态氮水平运移规律研究表明消落区撂荒地和库滨带坡耕地土壤硝态氮运移速率随着土壤深度增加逐渐减小，而河漫滩和柑橘园地表现为相反趋势。

　　纵观国内外的研究成果，土地利用变化对岸边带流域的非点源氮素污染研究已取得较大进展，但是研究还只是局限于点或者局部尺度的定性研究。小尺度观测方法虽然可控性较强，能够快速得到可靠的监测数据并分析出明确的结论，但是往往投入的人力、物力较大且成果结论的地区性较强，可移植性较差，无法从流域尺度进行定量描述非点源氮素污染变化对于土地利用变化的响应，也不能满足不同情境下岸边带设计的需要，进一步研究土地利用变化对流域非点源氮素控制效应的影响将是未来发展的趋势。

1.2.3 生态水文模型与遥感相结合为岸边带流域非点源模拟提供了广阔的发展空间

近年来，随着计算机技术的不断发展，相关学者趋向于利用生态水文模型来探讨岸边带流域非点源模拟（Lowrance et al.，2000，Tucker et al.，2000）。流域尺度的数字模拟结果可以作为建立岸边缓冲带阻控陆源非点源污染的决策依据，对整个岸边带的研究起到了指导性的作用。目前，国内外广泛应用的有 SWAT（Soil and Water Assessment Tool）模型，SWIM（Soil and Water Integrated Model）模型，REMM（Riparian Ecosystem Management Model）模型，VFSMOD（Vegetative Filter Strips Model）模型等。这些模型虽然都试图从机制角度对生态水文过程进行描述，但是其各自有各自的缺点（Rafael 和 John，2005；Dosskey et al.，2008；Kuo 和 Munoz-Carpen，2009；Sabbagh et al.，2009）。VFSMOD 模型模型是一种机理较为简单的田间尺度模型，不利于研究复杂要素对流域尺度非点源污染变化的影响。SWAT 模型的重点是研究封闭流域的产汇流，并没有将岸边带作为一个独立的去污系统进行详细的研究；在 SWAT 基础上发展的 SWIM 模型虽然明确了岸边带生态系统重要功能，但是还未见其在流域尺度的应用成果。REMM 模型是相对比较完善的用于岸边带生态系统模拟的模型，但是它的应用尺度较小，不适用于大尺度的模拟。并且，REMM 模型需要的数据量较大，实际应用比较困难（Lowrance et al.，2000；Altier et al.，2002）。国内在岸边带水文模型开发起步较晚，生态水文评价系统 EcoHAT（Ecohydrological Assessment Tool）（刘昌明，2009）中的 RIP_N（Riparian_Nitrigon Model）模型（王雪蕾等，2009）是由北京师范大学自主开发，虽然模型进行了部分概化，但是其机理描述较为合理，数据准备简单，并且耦合了遥感技术进行模型驱动，在我国官厅水库进行了成功的库滨带非点源模拟研究（王雪蕾等，2009；Wang et al.，2011）。数字模型模拟能够弥补野外监测工作量大、受客观条件限制等不足，特别是分布式水文模型的模拟可以从空间上详细研究非点源污染负荷的变化。

对岸边缓冲带的研究要考虑到尺度的问题，而遥感技术的最大优势是可以最大限度地获取空间信息。当前，遥感技术以其强大的空间信息获取能力逐步成为大尺度地表特征和能量参数获取的有力工具。遥感技术已广泛地应用于流域生态水文变量和参数的获取，包括地表覆被状况、地形地貌、河网水系等水文下垫面影响因子，降水量、气温、积雪、蒸散发、土壤水等气象水文因子。目前，遥感在生态水文研究中主要有两方面的应用：一是直接应用，如利用遥感技术获得遥感影像，反演叶面积指数、解译土地利用、直接提取水文信息等，还可监测冰川和积雪的融化状态、洪水过程的动态变化等。二是间接应用，即利用遥感资料推求有关生态水文过程中的参数和变量，用于间接模拟生态水文过程（张炜等，2006）。

近年来，叶面积指数、植被盖度等遥感植被信息耦合分布式水文模型进行水文模拟已经得到了广泛的研究。可以说遥感技术的应用是岸边缓冲带研究的一个有利工具（Lefsky et al.，2002）。楚纯洁等（2010）以平顶山市白龟山水库库滨带为例，以遥感手段获取土地利用类型相关信息，采用专家打分法对生态环境评价指标进行量化分级。Hutton和Brazier（2012）通过利用雷达技术定量研究了美国亚利桑那州的Walnut Gulch Experimental Watershed研究区的岸边带结构。Kellogg和Zhou（2014）利用MODIS遥感数据研究了三峡大坝修建对不同高程库区缓冲区植被覆盖的变化。Fu和Brugher（2015）利用12年的Landsat影像生成澳大利亚Namoi River缓冲带的归一化植被指数数据，进而研究缓冲带植被冬天变化与气候、地表水和地下水的关系。Cowles et al.（2015）利用Landsat影像研究了美国马里兰州Savage River缓冲区宽度对入河氮素复合的影响。段守敬（2016）利用多源高分辨率遥感影像和景观结构指数从生态功能、生态结构和生态胁迫3个方面对淮河干流岸边带生态健康状况进行全面调查评估。遥感除了能直接监测岸边带的要素信息变化外，还能够耦合生态水文模型模拟岸边带流域尺度的非点源污染。Wang et al.（2011）耦合多源遥感数据和生态水文模型对我国官厅水库库滨带植被对非点源氮素的吸收进行了模拟。

综上，遥感技术在岸边带研究中的主要优势包括：①遥感影像数据具有从几厘米到几千米的空间分辨率，同时具有若干宽波段和数百个窄波段，在确定岸边带结构和时时监测方面具有绝对优势。②遥感技术已经实现了与流域生态水文模型的耦合，并且将在解决复杂环境变化对岸边带流域尺度非点源影响中不断发展和完善。

1.3 研究目标、基础、内容和技术路线

1.3.1 研究目标

本研究的目标是应用遥感技术和生态水文模型对北京密云水库库滨带的非

点源氮素去污进行数字模拟，揭示库滨带下垫面环境对非点源氮素去污的控制效应。具体达到以下3个研究目的。

一是应用RS和GIS技术精确获取和反演密云水库库滨带生态环境因子，构建密云水库库滨带的生态环境系统数据库。

二是从岸边带去污截污机理出发，耦合遥感信息模型，构建密云水库流域尺度库滨带生态水文模型。

三是通过模型模拟结果，分析库滨带下垫面结构对面源污染的控制效应，为实现水源地库滨带的结构优化和流域库滨带管理提供理论依据和决策支持。

1.3.2 研究基础

库滨带生态要素对水库水质安全会产生直接影响，野外调查数据可用于后期生态水文模型参数率定和参数输入。本研究已经开展了密云水库库滨带的野外调查工作，调查的项目包括植被结构参数和土壤性质调查。

1.3.3 研究内容

根据研究目标确定本研究的研究内容主要包括以下几方面内容。

（1）库滨带空间信息参数的遥感解译与定量反演

基于高分1号（GF-1）遥感影像和无人机平台，应用"天—星—地"一体化遥感技术精确获取和反演密云水库库滨带土地利用与土地覆盖，结合Landsat 8 OLI卫星影像和基础土壤专题图库解译研究区土壤分类系统专题图；利用Landsat 8 OLI遥感卫星数据进行研究区归一化植被指数（Normalized Difference Vegetation Index，NDVI）、植被盖度（Vegetation Coverage，VC）、叶面积指数（Leaf Area Index，LAI）和地表反照度（Albedo）等参数的定量反演。

（2）分布式生态水文模型的构建与验证

本研究采用北京师范大学开发的EcoHAT系统中库滨带去氮模拟模型——RIPAM-N（Riparian Model Nitrogen）（杨胜天等，2012，2015a，2015b）。RIPAM-N模型可以进行岸边带流域尺度的生态水文过程模拟。本研究改进了RIPAM-N模型中对植被地下部分考虑不足和计算速度较慢的缺点。通过输入解译和反演的研究区遥感参数和基本气象参数，本研究构建基于网格的密云水库库滨带流域分布式生态水文模型，模拟研究区对非点源氮素污染的去除量，并利用已搜集文献数据对模型的模拟结果进行验证。

（3）密云水库库滨带对非点源氮素的控制效应影响评价

本研究分析了研究区不同土地利用类型对库滨带非点源氮素去污能力的控制效应。

1.3.4 技术路线

本研究采用野外生态调查、遥感信息反演和岸边带流域生态水文模型模拟相结合的方法开展研究，具体技术路线如图1-1所示。

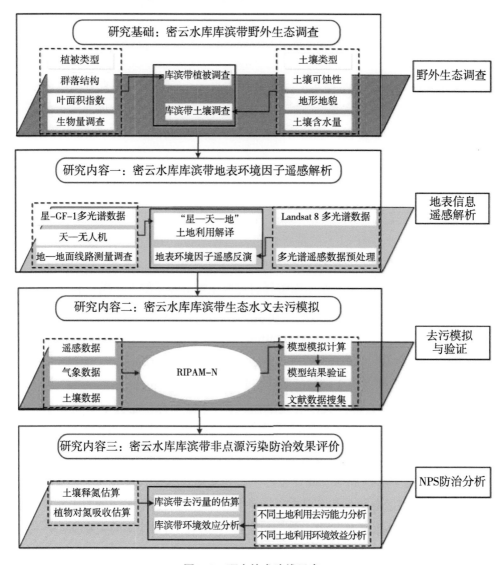

图1-1 研究技术路线示意

1.4　关键技术与创新点

1.4.1　关键技术

（1）高分辨遥感卫星数据的空间信息提取技术

岸边带的结构特点要求遥感数据具有较高的空间分辨率和尽可能多的光谱信息，因此，可靠的高分辨率遥感数据的反演技术是研究的关键。

（2）库滨带非点源氮素污染输移数值模拟

数值模拟方法是分析非点源污染物输移转化的重要技术。本研究利用的RIPAM-N模型由北京师范大学开发，能从污染物输移机理层次模拟库滨带非点源污染物的转化过程，并实现应用遥感技术解析库滨带对非点源污染的控制效应。进行流域生态水文过程模拟的模型普遍存在一个问题，即需要的参数量非常大，如何结合遥感技术的优势，简化参数量，或提高参数获得的效率，同时提高数值模拟的准确性是本论文技术层面上的关键问题。

1.4.2　创新点

一是耦合定量遥感技术和生态水文模型，构建了密云水库库滨带流域尺度的非点源氮素去污模拟模型——RIPAM-N模型，并进行了植被生长季的流域分布式非点源氮素去污速率和去污量的模拟计算。

二是定量研究密云水库库滨带土地利用结构对库滨带流域非点源氮素污染的控制效应，模拟分析土地利用变化对库滨带非点源污染氮素污染控制效应影响的时空作用机制，为库滨带的结构设计提供科学参考。

1.5　小　结

库滨带是水库流域陆地生态系统和水生生态系统之间进行物质、能量、信息交换的重要生物过渡带，在水库面源污染防治中是一个关键环节。对库滨带的合理管理不仅对水库水质的改善具有重要作用，同时对维护整个水库流域生态系统的健康和可持续发展起到关键作用。

2 | 库滨带流域环境要素的遥感解析

遥感技术对空间信息的解析主要包括两部分内容：一是对下垫面空间信息的定性分析，即以遥感数据获取的光谱特征和先验知识对地物进行识别，这类解析主要包括土地利用类型、土壤类型和植被类型等专题信息的获取。二是对下垫面空间信息的定量反演，即通过遥感数据获取地物光谱特征推求出表示下垫面能量和状态的地表参数。

2.1 研究区概括

密云水库位于北京市密云区境内，地处东经116°47′~117°05′，北纬40°26′~40°35′，控制流域面积15 788km²。1958年9月兴建，1960年9月建成，最大库容43.75亿m³，相应水面面积188km²。密云水库曾是京、津、冀地区工农业生产和生活用水的重要水源地，由于水资源紧张，从1982年起不再向天津、河北省供水。目前，密云水库是首都唯一的地表饮用水源地，密云水库水资源的可持续利用对北京的可持续发展具有极其重要的意义。为保护密云水库的"一盆净水"，1985年北京市颁布实施了《北京市密云水库怀柔水库和京密引水渠保护管理条例》，将密云区的土地划分为国家一、二、三级水源保护区或水源补给区。根据规定，密云一级水源保护区是指密云水库环库公路以内（荞麦峪西侧至口门子村、城子以南至黄土洼以北、前保峪岭至老爷庙背水一侧及鲶鱼沟南背水一侧划定的区域除外），包括内湖区及环库公路以外由北京市人民政府划定的近水地带。

研究区域属燕山山脉中段，多为山地和丘陵，水库的东、西、北部为山区，山高坡陡，沟谷狭窄，水土流失较为严重，土壤以褐土为主。气候类型属暖温带季风性大陆性半湿润半干旱气候，年均气温5.1~17.2℃，最高气温40℃，最低气温-27.3℃，年平均气温13.8℃，年平均降水量为566mm，主要分布在夏季，占全年降水总量的70%，冬季降水最少，仅占全年降水总量的8.5%。受地势影响，造成了降水在区域内分布不均，总体趋势为自西南向东北递减。

2.2 库滨带野外生态环境调查

库滨带生态要素对水库水质安全会产生直接影响，野外调查数据可用于后期生态水文模型参数率定和参数输入。本研究的生态环境调查包括植被调查和土壤调查。

库滨带植被调查包括：植物类型、群落结构、植被盖度和生物量调查。生态调查与样品采集主要是植被群落样方调查和植物样品采集。整个研究区调查样线设置8条，调查样点106个；设置临时标准地20处，调查样点64个；设置大小乔木样方20处，草本样方424处，灌木样方50处。

植被群落样方调查总体分三步进行。首先，选择典型代表性区域设置样带，样带的带宽在不同群落中是不同的，草地一般为10~20cm，灌木林1~5m，森林10~30m。其次，沿样带设置样地。最后，选择典型样地进行生态调查。记录样地的群落、生境特征，分别调查乔木层、灌木层、草本层植物的种名、胸径、株高、冠幅、丛径等（图2-1）。植被覆盖度观测使用照相法（宋文龙等，2012），即用摄像对所测区域垂直成像，利用计算机图像处理技术提取植被信息并计算出其所占的百分比（图2-2）。

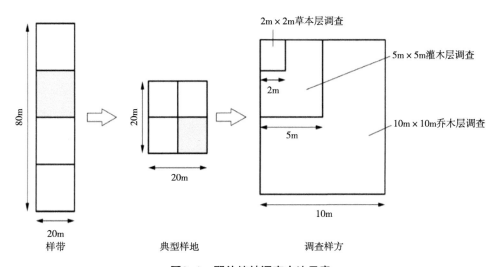

图2-1 野外植被调查方法示意

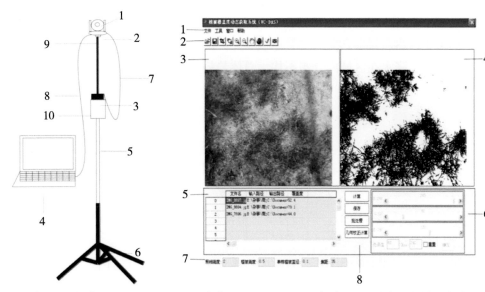

1.摄像头; 2.摄像头云台; 3.动力舱; 4.笔记本电脑; 5.支架之测量杆; 6.支架之底座; 7.动力舱连接线; 8.摄像头连接线; 9.摄像头固定件; 10.动力舱固定件

1.菜单栏; 2.工具栏, 从左到右依次为打开文件, 存储文件, 裁剪, 滤波, 放大, 缩小, 移动, 复原, 感兴趣区, 摄像头控制等工具; 3.成像窗口; 4.计算窗口; 5.元数据窗口; 6.人机交互窗口; 7.几何校正窗口; 8.功能按钮, 从上至下依次为样方植被覆盖度计算, 计算结果保存, 样方照片批处理及几何校正

（a）　　　　　　　　　　　　（b）

图2-2　植被覆盖度动态获取系统（VC-DAS）
（a）硬件装置；（b）软件系统（宋文龙等，2012）

库滨带土壤调查包括：土壤类型、地形地貌和土壤可蚀性。土壤采样布点根据植被群落样方选定，记录各样点的土壤类型，然后结合地面坡度、土地利用类型和植被覆盖度，判断各样点的土壤可蚀性，见表2-1和图2-3。

表2-1　土壤侵蚀强度分级标准

级别	平均侵蚀模数（t/km²·a）
微度	<200, 500, 1 000
轻度	200, 500, 1 000 ~ 2 500
中度	2 500 ~ 5 000
强度	5 000 ~ 8 000
极强度	8 000 ~ 15 000
剧烈	>15 000

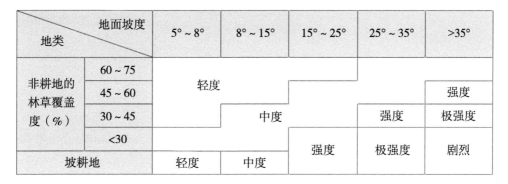

图2-3 划分土壤侵蚀强度等级的标准

除此之外，对于土壤的调查还包括植被地下部分的根系调查，根系深度和分布情况采用挖掘典型剖面的方法进行调查。

2.3 遥感数据

库滨带的陆表参数空间信息变化的准确提取需要高空间分辨率的多光谱遥感数据。因此，选择最新的Landsat-8和GF-1号遥感影像数据对密云水库库滨带的空间结构信息进行提取，其中，GF-1号遥感数据主要应用对库滨带的土地覆盖/利用的空间解析，4—9月的Landsat-8 OLI遥感数据主要用于库滨带陆表信息的遥感反演。遥感数据的信息列表见表2-2、表2-3和表2-4。

表2-2 卫星遥感数据信息

卫星数据		接收日期	波段	幅宽	数据来源
GF-1	多光谱影像（XS）	2015-3-15	12345	60km	北京师范大学
	全色影像（P）		1		
Landsat 8 OLI	多光谱影像（XS）	2015-9	12345678	185km	中国地理空间数据云

表2-3 Landsat 8 OLI的波谱特征

波段号	波段	光谱范围（μm）	空间分辨率（m）
band1	Coastal	0.43 ~ 0.45	30
band2	Blue	0.45 ~ 0.51	30

（续表）

波段号	波段	光谱范围（μm）	空间分辨率（m）
band3	Green	0.53 ~ 0.59	30
band4	Red	0.64 ~ 0.67	30
band5	NIR	0.85 ~ 0.88	30
band6	SWIR1	1.57 ~ 1.65	30
band7	SWIR2	2.11 ~ 2.29	30
band8	Pan	0.50 ~ 0.68	15
band9	Cirrus	1.36 ~ 1.38	30

表2-4　GF-1的波谱特征

波段号	波段	光谱范围（μm）	空间分辨率（m）
Pan1	Panchrmatic	0.45 ~ 0.90	2
band1	Blue	0.45 ~ 0.52	8
band2	Green	0.52 ~ 0.59	8
band3	Red	0.63 ~ 0.69	8
band4	Near infrared	0.77 ~ 0.89	8

2.4　库滨带空间信息遥感解译

2.4.1　土地利用遥感解译

2.4.1.1　遥感影像预处理

本研究中对于土地利用解译采用"天—星—地"一体化的技术方案，所采用的遥感影像为国产的GF-1号卫星影像。对于刚下载的用于分类的原始遥感影在应用之前需要进行一系列的预处理，主要包括：影像镶嵌、影像配准、投影变换、缓冲区建立和影像裁剪，最终得到解译工作范围。

2.4.1.2 土地利用解译流程

（1）建立解译标志

影像的解译标志可以直接反映判别地物信息的影像特征，主要解译标志的建立是依据影像数据的特点将作业区的主要地类裁切样图作为地类的样本。

（2）分类标准

参照中国土地利用代码/土地覆盖遥感分类系统标准（附件1），该分类系统采用两层结构，将土地利用与土地覆被分为6个一级类，25个二级类。其中，一级类包括耕地、林地、草地、水域、城乡工矿居民用地、未利用地。二级类则根据土地的覆被特征、覆盖度及人为利用方式上的差异做进一步的划分。整个土地利用解译的流程如图2-4所示。

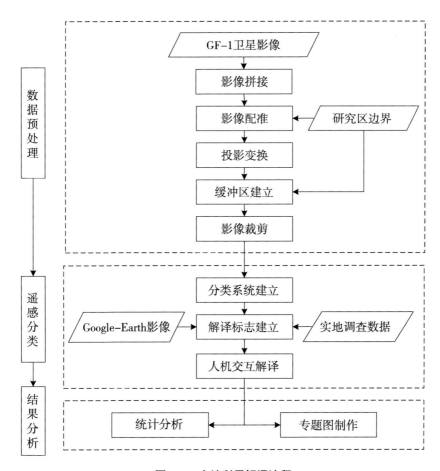

图2-4　土地利用解译流程

2.4.1.3 土地利用解译验证

无人机（UAV）是当今发展迅速的低空遥感技术，特点是快速、便捷、低成本的获取高精度影像。利用无人机反演生态环境的参数，来解决环境问题，是目前的研究趋势。本研究中，由北京师范大学娄和震等运用UAV获取不同地类的下垫面信息，以验证土地利用解译的精度。本次研究飞行时间分别是2015年7月和2016年6月，共获取航片2 282张。其中的立体像对经过PIX4D专业处理软件处理，生成正射影像图（DOM）辅助土地利用信息的验证。经过验证本次土地利用解译准确度为95.3%。

2.4.1.4 土地利用结果分析

根据土地利用目视解译结果进行密云水库各土地利用类型面积统计如表2-5所示。

密云水库库滨带中，林地面积最大，为91.50km²；其次为草地和耕地，面积分别为77.25km²和23.61km²；居民、工矿用地和未利用的面积为10.28km²。

表2-5 密云水库不同土地利用类型面积

一级分类	面积（km²）	二级分类	面积（km²）	三级分类	面积（km²）
1 耕地	23.605	12旱地	23.605	121山区旱地	0.731
				122丘陵区旱地	10.226
				123平原区旱地	12.649
2 林地	91.498	21有林地	79.722		
		22灌木林地	2.188		
		23疏林地	1.826		
		24其他林地	7.762		
3 草地	77.253	31高覆盖度草地	77.253		
4 水域	86.723	41河渠	1.942		
		43水库、坑塘	66.179		
		46滩地	18.602		

（续表）

一级分类	面积（km²）	二级分类	面积（km²）	三级分类	面积（km²）
5 居工地	9.937	51城镇用地	0.508		
		52农村居民点	7.719		
		53工交建设用地	0.942		
		54温室大棚	0.767		
6 未利用土地	0.341	65裸土地	0.341		
合计	289.357				

2.4.2 土壤类型解译

图2-5表示密云水库的土壤类型专题图。

密云水库流域土壤类型专题图的制作在联合国粮农组织（FAO）和维也纳国际应用系统研究所构建的世界和谐土壤数据库（HWSD）基础上结合杨胜天等（2001）提出的RS和GIS相结合的方法，根据土地利用、地形地质图和植被NDVI进行制作而成。根据专题图的统计可以得出，研究区中石灰性褐土所占比例最大，接近研究区面积的50%，潮土所占比例最小，为0.28%。

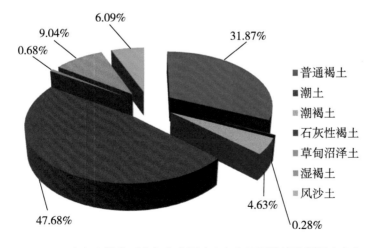

图2-5 研究区土壤类型空间分布图（左）和面积统计比例图（右）

2.4.3 高　程

数字高程模型（DEM）数据下载于地理空间数据云（Geospatial Data Cloud）平台网站（http：//www.gscloud.cn/）的SRTM DEM UTM 30m分辨率数字高程数据产品。SRTM是Shuttle Radar Topography Mission的简称，是由美国太空总署（NASA）和国防部国家测绘局（NIMA）联合测量。2000年2月11日，美国发射的"奋进"号航天飞机上搭载SRTM系统，对全球进行数字高程的测量。由于本产品的投影是墨卡托投影，而本次计算采用Albers投影，根据计算要求通过ArcGIS工具对研究区内的图幅进行拼接，转换投影，裁切处理和重采样得到河龙区间的Albers投影的250m分辨率的数字高程栅格图像。

2.4.4 NDVI反演

在应用刚下载的Landsat 8 OLI数据进行地表参数反演之前，几何校正、辐射定标和大气校正是不可或缺的预处理措施。通过对遥感影像进行重新配准来完成几何校正，把图像上的DN值转为辐亮度或者是反射率是辐射定标。大气校正的目的是为了消除大气成分吸收和散射对卫星成像的影响。本研究采用ENVI 5.3软件进行以上预处理措施，其中大气校正采用ENVI软件自带的Flaash大气纠正模块（图2-6）。

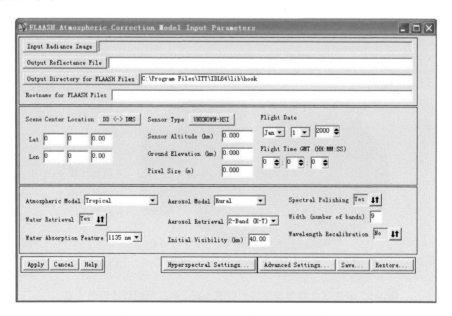

图2-6　ENVI软件Flaash大气纠正模块

　　*NDVI*是一个用来对遥感资料，通常为卫星遥感资料，进行分析，以确定被观测的目标区是否为绿色植物覆盖，以及植被覆盖程度的指标值。归一化植被指数能够检测植被生长状态、植被覆盖度和消除部分辐射误差等，能反映出植物冠层的背景影响，如土壤、潮湿地面、枯叶、粗超度等，且与植被覆盖有关。计算公式如下：

$$NDVI = (NIR - R) / (NIR + R) \tag{2-1}$$

　　其取值范围$-1 <= NDVI <= 1$，负值表示地面覆盖为云、水、雪等，对可见光高反射；0表示有岩石或裸土等，*NIR*和*R*近似相等；正值，表示有植被覆盖，且随覆盖度的增大而增大。

2.4.5　植被盖度（VC）反演

　　植被覆盖度是指植物群落或个体地上部分的垂直投影面积与样方面积之比，反应地表植被的茂密程度，取值范围0~1。本研究采用*NDVI*进行遥感反演，公式如下：

$$VC = (NDVI - NDVI_{min}) / (NDVI_{max} - NDVI_{min}) \tag{2-2}$$

　　其中，$NDVI_{min}$为反演区域*NDVI*的最小值，$NDVI_{max}$为反演区域*NDVI*的最大值。

2.4.6　*LAI*反演

　　叶面积指数（Leaf Area Index，*LAI*），是指单位土地面积上植物叶片总面积占土地面积的倍数。叶面积指数是陆地生态系统的一个十分重要的参数，它和蒸散、冠层光截获、地表净第一性生产力、能量交换等密切相关，是所有描述地表和行星边界层之间能量、物质（水汽和CO_2等）、动量通量交换模型的基本参数（Chen et al.，2002）。本研究采用Nilson（1971）提出的方法，基于*LAI*来估算植被盖度，公式如下：

$$LAI = \ln(1 - VC) / (-k) \tag{2-3}$$

$$k = \Omega \times K \tag{2-4}$$

$$K = \frac{0.5}{\cos\theta_z} \tag{2-5}$$

　　式中：*VC*为植被覆盖度；*LAI*为叶面积指数；*k*为与冠层几何结构有关的

系数；Ω为聚集指数（与土地覆被类型有关）；K为消光系数；θ_z为太阳天顶角（rad）。

2.4.7 根系深度

根系深度是计算实际蒸腾的重要参数，可用取样观测或模型模拟的方法获得。Andersen等（2001）指出不同土地覆盖类型的根系深度与叶面积指数有统计关系。假定多年生乔木的根系在年内不会发生变化，一年生草本或作为的根系与叶面积指数变化趋势一致，根系深度计算公式如下：

$$Rd_i = Rd_{max} \times \frac{LAI_i}{LAI_{max}} \qquad (2-6)$$

式中：Rd_i为时段的根系深度（m）；Rd_{max}为植被最大根系深度（m）；LAI_i是时段i的叶面积指数；LAI_{max}为植被的最大叶面积指数值。

2.4.8 地表反照率反演

地表反照率（albedo）是指在地球表面某点反射向各个方向全部光通量之和与总入射光通量的比值（赵英时，2003）。他是反映地表环境特征变化的重要参数之一，如植被破坏地表裸露后反照率值迅速增大。传统意义上对于地表反照率的测定依靠仪器的定点测量，但是由于样本分布、数量、插值方法及其尺度转化的问题，定点测量很难推广到更大面积的区域。高时空分辨率卫星遥感数据的出现为区域地表反照率的反演提供了可行性支持。通过分析比较，本研究采用Liang等（2001，2002）提出的针对TM的多波段拟合方程对研究区进行陆表反照率反演，具体计算公式如下：

$$\alpha_{short} = 0.356\alpha_1 + 0.13\alpha_3 + 0.373\alpha_4 + 0.085\alpha_5 + 0.072\alpha_7 - 0.001\,8 \qquad (2-7)$$

但是，由于本研究采用的是Landsat8 OLI数据，波段数量跟TM遥感影像有所不同，所以在应用之前需要进行波段的对比，选取相应的波段进行遥感反演。

对研究区4—9月的$NDVI$，VC，Albedo，RootDepth和LAI的平均值进行统计，并用时间曲线表示，如图2-7所示。从图中可以看出，研究区Albedo从4—9月，平均值变化幅度不大，值变化范围为0.13～0.19，最大值出现在6月，为0.183。RootDepth在植被生长季有平缓的增长趋势，4—9月流域平均值的范围为0.25～0.32m，最大值出现在8月的0.32m。与RootDepth和Albedo变化趋势不同，研究区的*LAI*，*VC*和*NDVI*在植被生长期总体上呈现出增大的趋势，并且在5月和8月呈现出两个增长的峰值；4—9月，*LAI*，*VC*和*NDVI*值的变化范围分别为1.42～4.0，0.42～0.80和0.27～0.73；最大峰值都出现在8月，峰值分别为3.98，0.80和0.73。

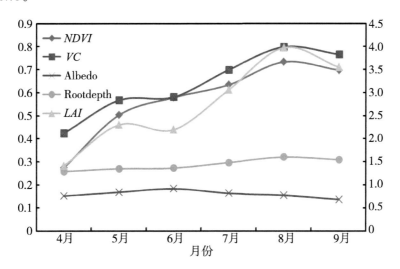

图2-7 研究区域4—9月地表要素平均值的时间曲线（*LAI*采用次坐标，其他采用主坐标）

2.4.9 蒸散发估算

2.4.9.1 潜在蒸散发

本研究潜在蒸散发的计算采用联合国粮农组织（FAO）推荐的方法计算，计算公式如下：

$$ET_p = K_c \times ET_{p0} \tag{2-8}$$

式中：K_c为作物系数；ET_p是局地潜在蒸散量（mm）。作物系数采用FAO给出的不同作物各发育阶段作物系数经验值。

$$ET_{p0} = \frac{0.408\Delta(R_n - G) + \gamma\dfrac{900}{T_a + 273}U_2(e_s - e_d)}{\Delta + \gamma(1 + 0.34U_2)} \tag{2-9}$$

式中：Δ为气温T_a时的饱和水汽压曲线斜率（kPa/℃）；R_n为净辐射［MJ/（m²·d）］；G是土壤热通量［MJ/（m²·d）］，在本研究中忽略不计；γ是干湿表常数（kPa/℃）；T_a是月平均温度（℃）；U_2是2m处风速（m/s）；e_s是气温 T下的饱和水汽压（kPa）；e_d是实际水汽压（kPa）。

地表净辐射（Net Radiation，R_n）是地气能量交换中最重要的组分，是驱动地表能量、动量、水分输送与交换过程中的主要能源。他包括地表短波辐射和长波辐射，是这两者的能量收支差额，负值向上，正值向下。净辐射可以通过遥感地表反照率和气象数据进行估算：

$$R_n = R_{ns} - R_{nl} = (1-a)R_{s\downarrow} - R_{nl} \tag{2-10}$$

式中：R_n为净辐射（W/m^2）；R_{ns}为净短波辐射（W/m^2）；R_{nl}为净长波辐射（W/m^2）；$R_{s\downarrow}$为下行短波辐射（太阳辐射）。

净长波辐射（R_{nl}）可以根据王懿贤（1983）提供的方法进行估算：

$$R_{nl} = \sigma T_d \left(0.56 - 0.08\sqrt{e_d}\right)\left(0.10 + 0.90\frac{n}{N}\right) \tag{2-11}$$

式中：R_{nl}为净长波辐射（向上为正，向下为负）［MJ/（m$^2\cdot$d）］；σ为斯蒂芬—波尔兹曼常数［4.903×10^{-9}MJ/（K$^4\cdot$m$^2\cdot$d）］，日尺度；T_d日均气温（℃）；e_d为气象站观测的日均水汽压（hPa）；n为实际日照时数；N为最大可能日照时数；n/N为日照百分率，数值范围0~1。

太阳辐射通过地外辐射和日照百分率进行计算：

$$R_{s\downarrow} = [a_s + b_s\left(\frac{n}{N}\right)]\times R_a \tag{2-12}$$

式中：a_s为回归常数，表示地外辐射在阴天到达地表的比例；b_s为回归常数，表示地外辐射在晴天的时候到达地表的比例；R_a为地外辐射［MJ/（M$^2\cdot$d）］；n是实际日照时数；N是最大可能日照时数；$\frac{n}{N}$是日照百分率，数值范围0~1。

不同纬度地区一年中每天的地外辐射可以根据太阳常数，太阳赤纬和一年的天数进行估算：

$$R_a = \frac{24\times60}{\pi}G_{SC}d_r\left[\omega_S\sin(\varphi)\sin(\delta) + \cos(\varphi)\sin(\delta)\sin(\omega_S)\right] \tag{2-13}$$

式中：R_a为地外辐射［MJ/（m$^2\cdot$d）］；G_{SC}为太阳常数［MJ/（m$^2\cdot$min）］；d_r为日地反距离；ω_S为太阳日落角（rad）；δ为太阳赤纬，（rad）；φ为纬度，（rad）。

$$d_r = 1 + 0.033\cos\left(\frac{2\pi}{365}J\right) \tag{2-14}$$

$$\delta = 0.409\sin\left(\frac{2\pi}{365}J - 1.39\right) \tag{2-15}$$

式中：J为一年中的天数，取值范围为1～365（366）。

$$\omega_S = \arccos\left[-\tan(\varphi)\tan(\delta)\right] \tag{2-16}$$

饱和水气压—温度曲线斜率Δ计算公式如下：

$$\Delta = \frac{4\,098\left[0.610\,8\exp\left(\frac{17.27T_a}{T_a + 237.3}\right)\right]}{(T_a + 237.3)^2} \tag{2-17}$$

式中：T_a为日平均气温（℃）。

干湿表常数γ计算公式如下：

$$\gamma = \frac{C_p P_r}{\varepsilon\lambda} \tag{2-18}$$

式中：C_p为空气定压比热，取值为1.013×10^{-3}MJ/（$kg^1 \cdot$℃）；P_r为大气压（kPa）；ε是水汽分子量和干空气分子量的比值，取值为0.622。

大气压P_r是大气重量产生的压力，过地面高程数据进行估算：

$$P_r = 101.3\left(\frac{293 - 0.006\,5H}{293}\right)^{5.26} \tag{2-19}$$

式中：H为海拔高度，m，由地面DEM图获得。

平均饱和水汽压计算公式如下：

$$e_s = 0.610\,8\exp\left(\frac{17.27T_a}{T_a + 237.3}\right) \tag{2-20}$$

实际水汽压计算公式如下：

$$e_d = RH \times e_s \tag{2-21}$$

由于气象站点所测的风速数据是10m高度的数据，所以为了进行蒸散发的计算需要进行风速的转化，计算公式如下：

$$U_2 = \frac{4.87}{\ln(67.8z - 5.42)}U_2 \tag{2-22}$$

土壤热通量是指净辐射能量中扣除用于蒸散发和加热地表大气之后的那部

分存贮于土壤和水体中的能量，与净辐射具有较强的相关性。土壤热通量在有植被覆盖的下垫面可以利用净辐射和土壤热通量的比值的经验值进行计算。本文采用Su（2002）提出的基于植被盖度和净辐射的公式估算土壤热通量：

$$G=R_n\left[\Gamma_c+(1-VF)(\Gamma_s-\Gamma_c)\right] \tag{2-23}$$

式中：G为土壤热通量（W/m^2）；Γ_c为裸地情况下土壤热通量G与净辐射R_n的比值，取值为0.315；VF为植被盖度，0～1；Γ_c为全植被覆盖下土壤热通量G与净辐射R_n的比值，取值为0.05。

对于水体，Vinukollu et al.（2011）认为土壤热通量与净辐射的比值为0.26，即认为进入水体的净辐射有26%被吸收为水体的G。

表2-6对研究区4—9月地表潜在蒸散发的最大值，最小值和平均值进行了统计。研究区4—9月地表潜在蒸散发的范围为36.81～95.28mm。

表2-6 研究区4—9月地表潜在蒸散量的统计信息（mm）

月份	最大值	最小值	平均值
4月	44.787	26.345	36.811
5月	83.431	51.040	67.131
6月	87.370	42.456	65.493
7月	120.685	56.686	91.631
8月	127.311	36.446	95.283
9月	115.534	51.606	89.439

2.4.9.2 实际蒸散发

研究区的潜在蒸散发计算之后，实际蒸散发采用以下公式进行计算：

$$ET_a = K_s \times ET_p \tag{2-24}$$

$$\begin{cases} K_s = \ln(Av+1)/\ln 101 \\ Av = [(SW-SW_w)/(SW_{FC}-SW_m)]\times 100\% \end{cases} \tag{2-25}$$

式中：ET_a为实际蒸散量（mm）；K_s为土壤水分胁迫系数；SW为根区

实际水量（mm）；SW_w为土壤凋萎含水量（mm）；SW_{FC}为土壤田间持水量（mm）。

表2-7对研究区4—9月地表实际蒸散发的最大值，最小值和平均值进行了统计。结果表明，研究区4—9月地表潜在蒸散发的范围为30.28～80.10mm。

表2-7　研究区4—9月地表实际蒸散量的统计信息（mm）

月份	最大值	最小值	平均值
4月	40.423	22.986	30.281
5月	68.127	47.021	58.428
6月	73.912	38.261	54.489
7月	99.292	53.345	77.618
8月	104.314	31.099	80.103
9月	96.220	50.186	77.897

2.5　小　结

本章主要介绍了研究区地表环境参数的定量遥感反演并得到相关参数的时空分布图及相关统计信息。这些遥感参数和基于遥感参数计算的陆表参数包括：NDVI，LAI，Albedo，植被覆盖度，根系深度和地表蒸散发。遥感数据对地表参数的反演方法很多，本文均采用比较通用的算法，其中LAI采用Nilson法，Albedo采用梁顺林的多波段经验拟合法，根系深度采用Andersen方法，太阳总辐射采用Angstrom-Prescott日照类模型估算，地表净辐射采用SEBAL模型中推荐的方法，蒸散采用FAO推荐的方法。采用的遥感数据为Landsat8 OLI数据，时间为2015年4—9月。

3 集成遥感信息的RIPAM-N模型的构建

非点源污染形成同降水、径流、土壤以及人类活动密切相关。为了能对其进行有效治理与控制，必须研究污染物的流失规律，其中最有效、最直接的研究方法就是通过建立数学模型，在时间和空间序列上对污染物的流失过程进行模拟，掌握其时空变化规律。

岸边带对氮营养元素的截留主要表现在：植被吸收，土壤硝化、反硝化、氨化作用和微生物代谢过程。RIPAM-N构建原则是从岸边带去污截污的机理出发，从土壤化学去氮（反硝化、硝化和氨挥发）、植被对氮营养元素吸收两个方面构建岸边带生态水文机理模型。

营养元素的迁移转化贯穿整个植被—土壤—大气系统，因此，清楚氮营养元素在大系统中的循环过程和进出路径是构建模型的关键。自然界中氮元素的循环机理复杂。从形态上看，氮素分为两大类：有机类和无机类。但是从价态上看，氮元素在其转化过程中存在8个价态；从元素转化过程上看，氮元素包括微生物腐化分解过程，矿化过程、固定过程和吸附解析过程、硝化过程、反硝化过程和氨挥发过程。

基于上述分析，概化库滨带去除氮模拟模型的构建基于以下假设（王雪蕾，2010）。

①假定岸边带系统是一个相对密闭的系统，系统的上边界为0cm土层，系统的下边界为20cm土层，左右边界按照研究区的岸边带宽度确定。

②系统的输入项主要表现为降水，输出项为土壤化学过程中释放的含氮气体，植物吸收。

③假定研究区即库滨带区域氮营养元素丰富，系统内部的各种反应过程只看作系统内部的能量转化，暂不作为系统建模对象。

基于此，最后确定RIPAM-N模型中的模块为土壤去氮模块，包括土壤反硝化子模型、硝化子模型和氨挥发子模型；植被吸氮模块，包括NPP子模型、生产力分配子模型和营养元素吸收子模型。

3.1 土壤去氮过程模块

本次模型的去氮过程定义为对含氮气体释放有贡献的所有土壤生物化学过程，就当前对氮循环机理研究现状表明（SWAT，2009），此过程主要包括土壤硝化过程，土壤反硝化过程和NH_3挥发过程，其中，前两个过程主要以释放N_2和N_2O气体为主。土壤去氮模块主要对3个释氮过程的反应速率进行模拟（图3-1）。

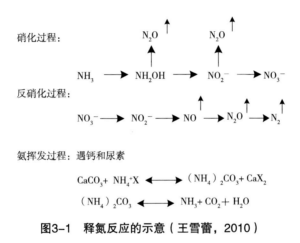

图3-1　释氮反应的示意（王雪蕾，2010）

3.1.1 土壤反硝化子模拟模块

土壤反硝化主要可以通过以下3种模型进行模拟：微生物生长模型、土壤结构模型和简单的过程模型。由于微生物活动的复杂性和土壤结构的空间异质性，微生物生长模型和土壤结构模型从表达形式到实际的应用都较为复杂，而简单的过程模型不考虑微生物活动和气体在土壤中的扩散作用，将土壤反硝化过程用容易测得的参数表达出来，如土壤水分，土壤温度和硝态氮含量等，因此简单的过程模型的应用性更强。

本次研究中土壤反硝化模块是在结合REMM模型的基础上，增加了pH值影响因子项（SWAT，2009；Stacey，2006）：

$$D_a = D_p f_N f_s f_T f_{pH} \tag{3-1}$$

参数方程为：

$$D_p = \frac{4}{5}\frac{\alpha_{om}}{365}C\frac{14}{12}10^6 \qquad (3-2)$$

$$f_N = \min\left[1,\frac{N}{N_{crit}}\right] \qquad (3-3)$$

$$f_s = \begin{cases} 0 & S < S_{FC} \\ \left(\dfrac{S - S_{FC}}{S_m - S_{FC}}\right)^w & S_{FC} \leqslant S \leqslant S_m \\ 1 & S_m < S \end{cases} \qquad (3-4)$$

$$f_T = \begin{cases} 0 & T_s \leqslant 0 \\ Q_{10}^{0.1(T_s-25)} & 0 < T_s < 25 \\ 1 & 25 \leqslant T_s \end{cases} \qquad (3-5)$$

$$f_{pH} = \begin{cases} 0 & pH \leqslant 3.5 \\ (pH - 3.5)/3 & 3.5 < pH < 6.5 \\ 1 & pH \geqslant 6.5 \end{cases} \qquad (3-6)$$

式中：S 为土壤饱水率；S_{FC} 为土壤田间持水量时的土壤饱水率；S_m 为 f_s 等于 1 时的土壤饱水率，本次模拟中取值为 1；α_{om} 为土壤有机质衰减率；C 为土壤中有机碳的含量 g C/g；w 取值为 1。土壤水分参数的单位可以统一成 mm，也可统一成体积含水量，为后续模型的方便，本文均统一成 mm，即体积含水量与土层深度的乘积。

3.1.2 土壤硝化和氨化模拟子模块

本次研究中选用 SWAT（SWAT，2009）中推荐的硝化和氨化过程模型，参数方程为：

$$N_{nit/vol,l} = N_{4,l}^+ \times \left[1 - \exp\left(-\eta_{nit,l} - \eta_{vol,l}\right)\right] \qquad (3-7)$$

$$N_{nit,l} = \left[1 - \exp\left(-\eta_{nit,l}\right)\right]/\left[1 - \exp\left(-\eta_{nit,l}\right) + 1 - \exp\left(-\eta_{vol,l}\right)\right] \times N_{nit/vol,l} \qquad (3-8)$$

$$N_{vol,l} = \left[1 - \exp\left(-\eta_{vol,l}\right)\right]/\left[1 - \exp\left(-\eta_{nit,l}\right) + 1 - \exp\left(-\eta_{vol,l}\right)\right] \times N_{nit/vol,l} \qquad (3-9)$$

$$\eta_{nit,l} = \eta_{tem,l} \times \eta_{s,l} \qquad (3-10)$$

$$\eta_{vol,l} = \eta_{tem,l} \times \eta_{midz,l} \times \eta_{cec,l} \qquad (3-11)$$

$$\eta_{tem,l} = 0.41 \times \frac{(T_{s,l} - 5)}{10} \qquad T_{s,l} > 5 \qquad (3-12)$$

$$\eta_{s,l} = \begin{cases} \dfrac{SW - SW_w}{0.25 \times (SW_{FC} - SW_w)} & SW < 0.25 \times SW_{FC} - 0.75 SW_w \\ 1 & SW \geqslant 0.25 \times SW_{FC} - 0.75 SW_w \end{cases} \qquad (3-13)$$

$$\eta_{midz,l} = 1 - \frac{Z_{mid,l}}{Z_{mid,l} + \exp\left[4.706 - 0.030\,5 \times Z_{mid,l}\right]} \qquad (3-14)$$

$$\eta_{cec,l} = 0.15 \qquad (3-15)$$

式中：$N_{nit/vol,l}$ 为 l 土层中参与硝化和氨气挥发释放过程的铵态氮量（kg N/m^2）；$NH_{4,l}^+$ 为 l 土层中 NH_4^+ 的含量（kg N/m^2）；$N_{nit,l}$ 为硝化反应速率（kg N/m^2）；$N_{vol,l}$ 为氨气挥发速率（kg N/m^2）；$\eta_{nit,l}$ 为 l 土层中硝化反应的调控项；$\eta_{vol,l}$ 为 l 土层中氨气蒸发的调控项；$\eta_{tem,l}$ 为温度影响因子；$\eta_{s,l}$ 为土壤水分影响因子；SW 为土壤含水量（cm^3/cm^3）；SW_{FC} 为土壤田间持水量（cm^3/cm^3）；SW_w 为土壤萎蔫含水量（cm^3/cm^3）；$\eta_{mid,l}$ 为土层深度影响因子；$\eta_{cec,l}$ 为阳离子交换影响因子；$T_{s,l}$ 为 l 土层的温度（℃）；$Z_{mid,l}$ 为 l 土层半深度距离（mm）。

3.1.3 土壤水估算模块

本研究中土壤水分的估算是基于水量平衡的，分为有降水和无降水两种情况进行计算，有降水情况下将降水和灌溉量转变为研究土层的水分增量 ΔD，则土层水分平衡方程表示为：

降水条件（有棵间蒸发）：

$$SW^{j+1} = SW^j + \Delta D^j - E_a^j - S_{root}^j \qquad (3-16)$$

非降水条件：

$$SW^{j+1} = SW^j - E_a^j - S_{root}^j \qquad (3-17)$$

式中：j 为时间节点；E_a 为土表实际棵间蒸发量（mm）；ΔD 为降水或灌溉导致的土壤水分增量（mm）；S_{root} 为根系吸水量（mm）。概念模型中将土体按照两层考虑，重点研究20cm土层的土壤水分性质。

土壤棵间蒸发量由Ritchie公式（Ritchie和Hanks，1991）求得，参照雷志栋等（1988）和CERES模型（Jones，1986）中的经验，计算公式如下：

$$E_a = K_s \times E_p \tag{3-18}$$

$$\begin{cases} K_s = \ln(Av+1) / \ln 101 \\ Av = \left[(SW - SW_w) / (SW_{FC} - SW_w) \right] \times 100 \end{cases} \tag{3-19}$$

$$E_p = \begin{cases} ET_p \times (1 - 0.43 \times LAI) & LAI \leqslant 1 \\ ET_p / 1.1 \times \exp(-0.4 \times LAI) & LAI > 1 \end{cases} \tag{3-20}$$

式中：E_a为土表实际棵间蒸发量（mm）；E_p为土表潜在棵间蒸发量（mm）；K_s为土壤水分胁迫系数；LAI为叶面积指数；SW为根区实际水量（mm）；SW_w为土壤凋萎含水量（mm）；SW_{FC}为土壤田间持水量（mm）；ET_p为潜在蒸散量（mm）。

植被的根系吸水模型复杂，需要的变量较多，本文中采用半经验半机理函数，参考DeJong吸水函数（DEJong和Cameron，1979）和SWAT模型中的经验公式，得到本次研究中的计算方法如下：

$$S_{root,z} = K \times T_p \times [1 - \exp(-\beta_r \times \frac{z}{z_{root}})] \tag{3-21}$$

$$T_p = ET_p - E_p \tag{3-22}$$

式中：$S_{root,z}$是Z土层深度的根系吸水量（mm/d）；T_p是植物的潜在蒸腾量（mm/d），β_r有效水分配系数，Z_{root}是根在土层中的深度（mm）。

根系深度是计算实际蒸腾的重要参数，可用取样观测或模型模拟的方法获得。Andersen等指出不同土地覆盖类型的根系深度与叶面积指数有统计关系（Andersen et al.，2002）。假定多年生乔木的根系在年内不会发生变化，一年生草本或作为的根系与叶面积指数变化趋势一致，根系深度计算公式如下：

$$Rd_i = Rd_{\max} \times \frac{LAI_i}{LAI_{\max}} \tag{3-23}$$

式中：Rd_i为时段i的根系深度（m）；$Rd_{\max}$为最大根系深度（m）；LAI_i为时段i的叶面积指数；$LAI_{\max}$为最大叶面积指数。

降水或灌溉导致的土壤水分增量ΔD表达式为：

$$\Delta D = \begin{cases} 0 & P+I=0 \text{(无降水条件)} \\ \Delta D_{\max} & P+I \geqslant \Delta D_{\max} \text{(入渗下层)} \\ P+I & P+I < \Delta D_{\max} \text{(无层间入渗)} \end{cases} \tag{3-24}$$

式中：P为降水量（mm），I为灌溉量（mm），其他参数同上。

3.1.4　土壤温度反演子模块

土壤温度随土层深度的增加而趋于同一温度（SWAT，2009）。本文研究中采用SWAT模型中推荐的方法对土壤温度进行日尺度模拟。

$$T_s\left(z,d_n\right)=\xi\times T_s\left(z,d_n-1\right)+\left(1.0-\xi\right)\left[df\times\left(\bar{T}_{AAair}-T_{ssurf}\right)+T_{ssurf}\right] \quad（3-25）$$

式中：$T_s\left(z,d_n\right)$ 是第 d_n 天，Z深度的土壤温度（mm）；ξ 是温度传播的延迟因子，取值范围为[0，1]；$T_s\left(z,d_n-1\right)$ 是前一天的Z土层深度的土壤温度（℃）；df 是深度影响因子，$\bar{T}_{AAair}$ 是年均大气温度（℃）；T_{ssurf} 是 d_n 天的土壤地表温度（℃）。其他参数方程为：

$$df=\frac{zd}{zd+\exp\left(-0.867-2.078\times zd\right)} \quad（3-26）$$

$$zd=0.5\times Z_{mid,l}/D_{dd} \quad（3-27）$$

$$D_{dd}=dd_{\max}\times\exp\left[\ln\left(\frac{500}{dd_{\max}}\right)\times\left(\frac{1-\varphi}{1+\varphi}\right)^2\right] \quad（3-28）$$

$$dd_{\max}=1\,000+\frac{2\,500\rho_b}{\rho_b+686\exp\left(-5.63\rho_b\right)} \quad（3-29）$$

$$\varphi=\frac{SW}{\left(0.356-0.144\rho_b\right)\times Z_{tot}} \quad（3-30）$$

式中：zd 为土层深度与阻尼深度的比例系数；$Z_{mid,l}$ 为1土层半深度距离（mm）；$dd_{\max}$ 为最大阻尼深度（mm）；ρ_b 为土壤容重（mg/m³）；φ 为尺度因子（scaling factor）；SW 为土壤含水量（mm）；Z_{tot} 为土壤全剖面厚度（mm）。

3.2　植被吸氮模块

本研究中植被吸氮模块包括3个子模块：植被净初级生产力（Net Primary Productivity，NPP）的模拟，NPP在植被体内的分配和植物对营养元素吸收。

3.2.1　植被净初级生产力子模块

NPP，表示植被在单位时间、单位面积内所固定的有机碳中扣除自身呼吸（自养呼吸Autotrophic Respiration，RA）消耗后的剩余部分，这一部分用于植被的生长和生殖。总第一性生产力（Gross Primary Productivity，GPP），亦称总初级生产力，是指在单位时间和单位面积内，生物体（主要是绿色植物）通过光合作用途径所固定的有机碳量，即光合总量。植被的光合作用能力即总初级生产力除与植物内部因子有关外，还受温度、光照、CO_2浓度等外界环境因子的影响，单位为$gDW/（m^2 \cdot a）$或$tDW/（hm^2 \cdot a）$，也可用碳量或热能量表示。因此，NPP通常表示为GPP和RA的差值。

NPP的估算主要可以概括为三类：即统计模型、参数模型和过程模型。统计模型是以NPP和植被或者环境参数之间建立统计关系，以Miami模型、Thornthwaite Memorial等模型（Lieth，1975）为代表。参数模型是以农作物研究为基础构建的模型，以光能利用率理论为基础，利用植被所吸收的太阳辐射以及其他调控因子来估算植被净初级生产力。过程模型是在参数模型基础上的引申，根据植物生理、生态学原理来研究植物生产力，时间尺度都比较短，详细NPP模型介绍可参考王培娟博士论文（王培娟，2006）。本研究中所采用的NPP计算公式为（王雪蕾，2010）：

$$NPP = GPP - R_a \qquad (3-31)$$

$$GPP = \varepsilon \times APRA \times f_1(T) \times f_2(b) \qquad (3-32)$$

$$R_a = \frac{7.825 + 1.145 T_a}{100} \times GPP \qquad (3-33)$$

其中：R_a呼吸消耗量（g C/m^2），由Goward的经验模型确定，是GPP和气温的函数；ε为植被将所吸收的光合有效辐射转化为有机物的转化率，即光能转化率（gC/MJ）；APAR（Absorbed photosynthesis active radiation）为植物吸收的光合有效辐射量（MJ/m^2）；$f_1(T)$为温度对光合作用的影响函数（无量纲），是温度T_a（℃）的函数；$f_2(b)$为水分对光合作用的影响函数（无量纲），b为蒸发比。

ε的取值随着植被类型的不同会有很大的差异，对于多年生木本植物来说取值范围为0.2 ~ 1.5gC/MJ；而对于一年生的农作物，ε大概在2gC/MJ左右。除此之外，气候条件的不同也会导致相同植被ε呈现较大的反差。例如针叶林在温度降到0℃以下时，叶片气孔的关闭，光合作用停止。

本研究采用北京师范大学朱文泉等利用NOAA/AVHRR遥感数据、气象数据和中国NPP实测资料进行NPP模拟研究中的最大光能利用率（表3-1）。该项研究中模拟得到的中国典型植被最大光利用率介于光能利用率模型（CASA模型）

和生理生态过程模型（BIOME-BGC）的模拟结果之间，与前人研究结果比较一致，模拟结果具有一定的可靠性和稳定性。

表3-1　最大光能利用率取值

植被类型	最大光能利用率（gc/MJ）
粮食作物	0.542
水生植物	0.542
草地	0.542
针阔混交林	0.475
经济作物	0.542
灌丛	0.429
常绿针叶林	0.389
其他	0.542

光和有效辐射APAR等于叶子拦截的光和有效辐射IPAR（PAR incident on the vegetation），本研究采用根据beer定律（张志明，1990）计算公式：

$$APAR = IPAR = PAR\left(1 - e^{-K \times LAI}\right) \tag{3-34}$$

式中：PAR是入射的光和有效辐射［MJ/（m^2·month）］；LAI是叶面积指数，由Landsat 8遥感数据直接反演得到；K是叶层消光系数。其中，光和有效辐射表达式为：

$$PAR=aQ \tag{3-35}$$

式中：Q为太阳总辐射［MJ/（m^2·month）］；a为光合有效辐射与总辐射的比例因子，可以由试验样本计算获得，本次研究中，根据刘晶淼等（2009）在华北地区多年测量值，取值如表3-2所示。

表3-2　光合有效辐射与总辐射的比例因子的取值

月份	4月	5月	6月	7月	8月	9月
a	0.38	0.39	0.40	0.47	0.45	0.43

太阳总辐射是指水平面上，天空2π立体角内所接收到的太阳直接辐射和散

射辐射之和，一般以MJ/m^2或者W/m^2表示。太阳辐射能不仅可以为初始生产力的光合作用产物合成提供动力，而且也是地球表面各种主要自然环境因子变化和发展的动力。当前对太阳总辐射的模拟主要包括日照类经验模型，和考虑到大气、地形等因子对地表太阳总辐射影响的相对复杂的模型。本文采用目前国际上应用广泛的Angstrom-Prescott日照类模型（Prescott，1940），公式为：

$$Q = Q_0 \left(a + b S_1 \right) \tag{3-36}$$

式中：Q为总辐射，Q_0为月太阳总辐射，S_1为同期的日照百分率，a，b为经验系数。具体参数计算方法如下：

$$Q_0 = \sum_1^n Q_n \tag{3-37}$$

$$Q_n = \frac{TI_0}{\pi r^2} \left(\omega_0 \sin \varphi \sin \delta + \cos \varphi \cos \delta \sin \omega_0 \right) \tag{3-38}$$

式中：Q_0为月太阳总辐射（MJ/m^2）；Q_n为第n天日天文辐射量［$MJ/(m^2 \cdot d)$］；T为周期（S）；I_0为太阳常数值为$13.67 \times 10^{-4} MJ/(m^2 \cdot s)$；$r$为相对日地距离；$\varphi$为地理纬度（°）；$\delta$为太阳赤纬（°）；$\omega_0$为日落时角（°），且

$$\omega_0 = ar \cos \left(-\tan \varphi \tan \delta \right) \tag{3-39}$$

太阳赤纬（Solar declination）是指从天赤道沿太阳所在时圈量至日面中心的角距离，计算公式如下：

$$\delta = 0.006\,894 - 0.399\,512 \cos x - 0.072\,075 \sin x - 0.006\,799 \cos 2x + \\ 0.000\,896 \sin 2x - 0.002\,689 \cos 3x + 0.001\,516 \sin 3x \tag{3-40}$$

$$x = 2\pi \times 180 / \pi \times \left(N + \Delta N \right) / 365 \tag{3-41}$$

$$x = 2\pi \times 180 / \pi \times \left(N + \Delta N \right) / 366 \tag{3-42}$$

N为按天数顺序排列的积日；ΔN为积日订正值；x单位为度。参数具体计算如下：

$$N = D_M - 32 + INT \left(275 \frac{M}{9} \right) + 2 INT \left(\frac{3}{M+1} \right) + INT \left(\frac{M}{100} - \frac{Mod(Y,4)}{4} + 0.975 \right) \tag{3-43}$$

$$\Delta N = \left(12 - L \right) / 24 \tag{3-44}$$

$$L = - \left(D + M / 60 \right) / 15 \tag{3-45}$$

式中：D_M为日，M为月，y为年份，D为计算站点经度的度值，M为计算站

点的分值。

为准确描述日地距离，引入日地距离修正系数这个概念，记为E_0，是平均日地距离与某一天日地距离的比值平方

$$E_0 = (\frac{r_0}{r})^2 \tag{3-46}$$

$$1/r^2 = 1.000\ 109 + 0.033\ 494\ 1\cos x + 0.001\ 472\sin x + \\ 0.007\ 68\cos 2x + 0.000\ 079\sin 2x \tag{3-47}$$

式中：E_0为日地距离修正系数，r_0为平均日地距离，r为某一天的日地距离。

日照百分率为日照时数和可日照时数的比值。其中，日照时数为太阳直接辐照度达到120w/s^{2}的时间总和；可日照时数是指在无任何遮蔽条件下，太阳中心从某地东方地平线到进入西方地平线，其光线照射到地面所经历的时间。

$$S_1 = INT \left(100\% \times S / \sum T_A\right) \tag{3-48}$$

式中：S_1为月均日照百分率（%）；S为月日照时数（h）；T_A为日可照时数（h），逐日加和即为月值，计算式如下：

$$T_A = 2 \times T_B \times 2\pi / 24 \tag{3-49}$$

$$\sin\frac{T_B}{2} = \sqrt{\frac{\sin(45° + \frac{\varphi - \delta + \gamma}{2})\sin(45° - \frac{\varphi - \delta - \gamma}{2})}{\cos\varphi\cos\delta}} \tag{3-50}$$

$$T_A = 2w_0 / 15 \tag{3-51}$$

式中：T_B为半日可照时角（rad）；γ为蒙气差（本次研究中取值0.57°）。

本次采用荷兰学者Rietveld的方法确定a、b参数（房剑等，2004）。

$$a = 0.1 + 0.24S_1 \tag{3-52}$$

$$b = 0.38 + 0.24 / S_1 \tag{3-53}$$

K与植冠叶子的角分布和叶生长季有关，Monsi（1953）认为草本植物的$K=0.3 \sim 0.5$，而水平叶子的$K=1$。若植冠的叶子是球状分布，K是太阳天顶角的函数，表达式如下：

$$K = 0.5\cos\theta_z \tag{3-54}$$

$$\cos\theta_z = \sin\delta\sin\varphi + \cos\delta\cos\varphi\cos\omega_0 \tag{3-55}$$

式中：θ_z为太阳天顶角（°）；δ为地理纬度（°）；φ为太阳赤纬（°）；ω_0为日落时角（°）。

$f_1(T)$ 是气温 T 的函数，表达式如下：

$$f_1(T) = \frac{1}{[1+\exp(4.5-T_a)]\times[1+\exp(T_a-37.5)]} \quad (3\text{-}56)$$

式中：T_a 为大气平均温度（℃）

$f_2(\beta)$ 是实际蒸散发和潜在蒸散发的比值（蒸发比）β 的函数，表达式如下：

$$f_2(\beta) = 0.5 + 0.5\beta \quad (3\text{-}57)$$

3.2.2　生产力分配子模块

本研究中生产力分配和植被营养元素吸收方法参考王雪蕾（2010），仅对于森林和灌木类植被考虑 NPP 的分配，草本类型植被不予考虑不考虑。林灌植被 NPP 首先分配给叶片，其次到根，最后是枝干。其中，被分配到叶片部分的生物量 NPP_{Leaf} 与叶面积成比例，表达式为：

$$\frac{dNPP_{Leaf}}{dt} = R_{Leaf} \times \frac{\varepsilon_{LA}}{dt} \quad (3\text{-}58)$$

式中：NPP_{Leaf} 为叶片的 NPP（g C/m^2），R_{leaf} 是单位面积（1m^2）叶片的生物量，ε_{LA} 是叶面积月增加量（m^2）。NPP 除去分配到叶片的部分后，再成比例的分配到根，其计算公式如下：

$$\frac{dNPP_{Root}}{dt} = K_r\left(\frac{dNPP}{dt} - \frac{dNPP_{Leaf}}{dt}\right) \quad (3\text{-}59)$$

式中：NPP_{Root} 为分配到根系的 NPP（g C/m^2），K_r 为分配系数（无量纲）。

最后分配到枝干的 NPP_{Wattle} 计算如下

$$\frac{dNPP_{Wattle}}{dt} = \frac{dNPP}{dt} - \frac{dNPP_{Leaf}}{dt} - \frac{dNPP_{Root}}{dt} \quad (3\text{-}60)$$

式中：NPP_{Wattle} 为分配到枝干的 NPP（g C/m^2）。

3.2.3　植被营养元素吸收子模块

通常情况下，植物所吸收的营养元素的量为土壤所能提供给植物生长可利用量和植物生长对元素需求量的较小值，公式表达为：

$$N_{update} = \min\left(N_{avail}, N_{dem}\right) \quad (3\text{-}61)$$

式中：N_{update} 为土壤中可被植物吸收的 N 元素的含量（g C/m^2），N_{dem} 为植物生长对氮元素的需求量。

植物生长对营养元素的需求量的计算通常是先分别计算出植物体叶片、枝干、根系各部分的NPP，然后乘以各部分的营养元素浓度，最后三部分营养元素量进行加和处理。对林木和灌木，植物对N和P营养元素的需求量计算公式如下：

$$X_{dem} = (1 - K_{retra}) \times folX \times F_B + X_W \times W_B + X_r \times R_B \qquad (3-62)$$

式中：K_{retra}为返回系数，$folX$为叶片中X元素的含量（g/g）；F_B为植被叶片部分的NPP（g C/m^2）；X_W为枝干中X元素的含量（g/g）；W_B为植被枝干部分的NPP（g C/m^2）；X_r为根系中X元素的含量（g/g）；R_B植被根系部分的NPP（g C/m^2）。对于草本植物，X_{dem}的表达式如下：

$$X_{dem} = NPP \times X_{cont} \qquad (3-63)$$

式中：NPP为植被净第一性生产力（g C/m^2）；X_{cont}为草本植物中X元素的含量（g/g）。

土壤中可利用的营养元素，对于盐基阳离子与铵根离子NH_4^+来说，是交换性的元素含量；对于与硝酸根NO_3^-来说，是溶液中的离子含量。对于N元素，假设优先吸收NH_4^+，不足再吸收NO_3^-。

$$N_{avail} = Exch NH_4^+ + solu NO_3^- \qquad (3-64)$$

3.3 模型系统结构和数据库构建

RIPAM模型运行过程：先运行太阳辐射计算模块（Solar_r.pro），地表净辐射和蒸散计算模块（Rn_ET.pro），土壤水计算模块（Soil_w.pro）和土壤温度计算模块（Soil_T.pro）。得到主模型中需要的基本参数，然后运行主程序土壤释氮模块（土壤反硝化释氮Dis_N.pro，土壤硝化和氨挥发释氮Nit_Vol.pro）和植物生长吸收模块（NPP_UP.pro）。RIPAM-N模型的算法流程见图3-2。

RIPAM-N模型涉及的输入数据主要是遥感数据、气象数据和土壤数据。在模型中，参数数据采用.txt的文本格式处理，其他数据采用ENVI的二进制文件格式。文本数据库主要包括三大类：初始化文本数据，月文本数据和土壤文本数据。初始化文本是指模型运行的初始条件，主要是指模型的系统参数；月文本数据是指模型中逐月取值不同的参数；土壤文本数据是土壤基本性质的数据库，主要根据土壤志等文献查阅确定。RIPAM-N模型涉及的参数及参数获取方法见表3-3。

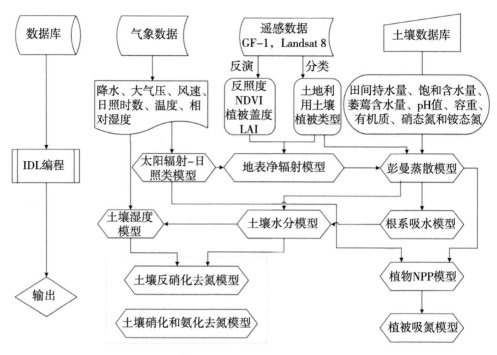

图3-2 RIPAM-N模型计算流程（王雪蕾，2010）

表3-3 RIPAM-N模型参数及确定方法

数据名称	空间分辨率（m）	数据来源	处理方法
高程	30	ASTER-GDEM	
坡度	30	基于DEM计算	ArcGIS提取
坡长	30	基于DEM计算	模型模拟
土地利用类型	30	Landsat8/GF-1	目视解译
土壤类型	30	中国土壤数据库	ArcGIS提取
土壤质地	30	HWSD	SPAW模拟
土壤容重	30	HWSD	
土壤砂粒含量	30	HWSD	
土壤粉粒含量	30	HWSD	
土壤黏粒含量	30	HWSD	
土壤沙石含量	30	HWSD	
土壤有机碳含量	30	HWSD	

数据名称	空间分辨率（m）	数据来源	处理方法
降水量	30	气象站点	空间插值
植被盖度	30	模型模拟	遥感反演
叶面积指数	30	Landsat8	遥感反演
纬度	30	地理坐标数据	ArcGIS提取
植被根系深度	30	Landsat8	遥感反演
地表温度	30	MOD11A	空间降尺度
地表反照率	30	Landsat8	遥感反演
土壤水初始值	30	模型模拟	遥感反演

3.4 影像多线程分块处理技术

基于IDL开发环境的遥感影像多线程分块处理技术可以解决大数据模拟情况下模拟时间过长的难题，多线程技术将成倍地提高计算机的运算能力，从而加速水文模型模拟的速度。多线程技术主要是为了充分利用处理器的资源从而提高处理器处理效率，减少执行长时钟周期指令对处理器效率的影响。IDL多线程的基本原理和单线程是一样的，不同之处在于需要建一个容器（线程池）存储多个IDL_IDLBridge对象，再把需要处理的数据分成块，创建块对象，传入到线程池中计算，再把结果保存起来，传出去。

数据的分块要合理，每块的数据不能太大，块的个数不能少于线程数，否则有线程没有运行，CPU不能充分利用。线程的数量要根据自身电脑的CPU来进行控制，线程过少CPU不会得到充分利用。

3.5 小 结

在总结已有文献和生态水文模型的基础上，本研究从库滨带去污机理出发，集成生态水文循环各个环节子模型，构建了RIPAM-N模型。RIPAM-N模型概括为两大部分，分别为土壤释氮模拟和植物营养生长模拟，具体分为如下8个子模块：土壤水分子模块、土壤温度子模块、土壤硝化子模块、土壤反硝化子模块、土壤氨挥发子模块、NPP子模块、生产力分配子模块和营养元素吸收子模块。其中反硝化采用基于过程的简单反硝化模型，计算实际反硝化速率求得；硝化和氨挥发模拟也是基于过程模型，主要参考SWAT模型构建。土壤湿度和温度模型分别依据农田水分平衡原理和热传导原理构建模型。土壤释氮过程机理模型均是日尺度模型，植物生长模型采用月尺度模拟，其中NPP模型是主模型，在计算中考虑了土壤水分和大气温度的限制作用。

除此之外，本研究还针对原有RIPAM模型中植物地下部分考虑不足和运算效率不高的缺点进行了改进，对原模型集成了遥感反演得到的植被地下根系深度数据和影像多线程分块技术算法。

4 库滨带流域尺度的模拟与验证

应用前文中构建的RIPAM-N模型对密云水库库滨带流域尺度的氮素去污进行了模拟，得到了密云水库库滨带2015年4—9月土壤水分、土壤温度和土壤释去速率的月尺度变化。除此之外，模型还模拟了植被吸氮作用的月尺度变化过程。其中，土壤去氮过程包括土壤反硝化速率、土壤硝化速率和土壤中氨挥发速率的模拟；植物吸氮过程包括植物NPP的生长模拟和N营养元素吸收过程的模拟。

4.1 土壤水分模拟

土壤水分模块的模拟是整个RIPAM-N模型中关键环节之一，对后面的土壤去氮和植被吸氮有重要的影响。该模块需要输入遥感反演数据、气象数据和土壤属性数据进行驱动。其中，遥感数据包括基于Landsat 8 OLI卫星数据反演得到的地表反照率、叶面积指数、根系深度和地表辐射率数据；气象数据包括由气象站数据插值而成的降雨量、气温、大气压、相对湿度、日照时数和地表温度数据；土壤属性数据包括土壤类型空间分布、土壤各个类型的田间持水量、饱和含水量、萎蔫含水量和容重等。除此之外，模型的运行还需要设置一些调节参数，包括有效水分配系数和图层深度。本研究设置输出地表以下20cm深度的土壤水分含量时空分布图。本研究采用的调节参数取值见表4-1。

表4-1 土壤水分模型中调节参数的取值列（王学蕾，2010）

月份	模型调节参数		
	Z（mm）	K_c	β_γ
4月	200	0.35	8
5月	200	0.5	6

（续表）

月份	模型调节参数		
	Z（mm）	K_c	β_γ
6月	200	0.65	4
7月	200	0.84	2
8月	200	0.94	2
9月	200	1.25	4

相同降水量的情况下，地表土壤水分变化跟土地利用类型有密切关系。图4-1显示，不同土地利用类型之间的土壤水分差异显著，林地、草地和灌木的土壤水分偏大，水分含量分别为38.76mm、39.31mm和42.26mm；其次为园地和湿地，平均含量为37.83mm和35.23mm。其中，耕地的土壤含水量较小，这可能跟模型没有考虑灌溉用水有关，滩地在5月之后含水量迅速下降可能温度升高蒸散发迅速增大有关。

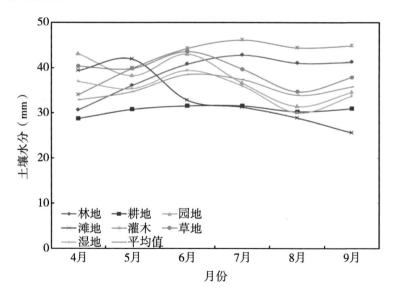

图4-1　不同土地利用类型的土壤水分月变化曲线

4.2　土壤温度模拟

土壤温度的模拟需要输入土壤地表温度和大气平均温度、土壤水分模块模拟输出的水分和土壤数据库中土壤容重和土层全剖面厚度。本次模拟中，4—9月的土壤温度传播的延迟因子分别取值为0.5、0.5、0.2、0、0、0.6。

20cm流域平均土壤月均温度统计结果见表4-2和图4-2。从统计结果中可以看出，土地利用方式对土壤20cm深度的温度影响不大。4—9月的流域平均20cm土层深度的月均温度分别为11.75℃、18.21℃、22.01℃、21.66℃、20.71℃和19.06℃。

表4-2　月土壤温度统计结果

月份	20cm土壤温度（℃）		
	最小值	最大值	平均值
4月	11.24	12.05	11.75
5月	17.87	18.45	18.21
6月	21.85	22.02	22.01
7月	21.59	21.67	21.66
8月	20.64	20.72	20.71
9月	18.90	19.20	19.06

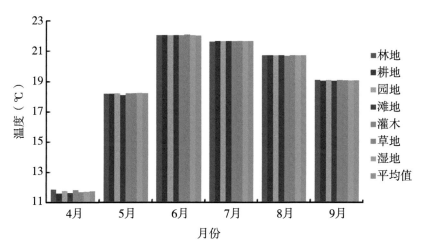

图4-2　不同土地利用类型的20cm土壤温度月变化统计

4.3 土壤去氮模拟

土壤去氮模拟包括土壤反硝化去氮模拟、土壤硝化去氮模拟和土壤氨化去氮模拟3个部分。

4.3.1 土壤反硝化去氮模拟

土壤反硝化去氮模型的驱动需要输入日土壤水分和日土壤温度的模拟结果，研究区土壤参数和调节参数。其中，土壤参数包括土壤中硝态氮和有机质的含量、土壤田间持水量；调节参数包括土壤潜在反硝化速率、土壤有机质衰减速率。本次研究中，这两个参数分别取值1.39mg N/（$m^2 \cdot d$）和0.026 5。

表4-3和图4-3表明，4—9月，密云水库库滨带各种土地利用类型植被的土壤反硝化速率变化曲线的形状不太一致，主要表现在最大峰值值出现的时间不太一致。林地，灌丛和耕地的波峰最大值出现的比较明显，相比较而言园地、湿地和滩地的波峰则平缓很多，草地在整个生长季的反硝化速率变化幅度最小。林地，灌丛和耕地的反硝化速率峰值出现在7月，值分别为58.91mg N/m^2，61.91mg N/m^2和10.79mg N/m^2；园地、湿地和草地出现在6月，值分别为40.32mg N/m^2，37.38mg N/m^2和10.5mg N/m^2；而只有滩地的最大硝化速率出现在5月，值为34.62mg N/m^2。

表4-3 不同土地利用类型的土壤月均反硝化速率模拟结果

月份	不同土地利用类型的月均反硝化速率［mg N/（$m^2 \cdot d$）］							流域平均 ［mg N/（$m^2 \cdot d$）］
	林地	耕地	园地	滩地	灌丛	草地	湿地	
4月	0.09	0.07	0.53	0.59	0.10	0.12	0.43	0.15
5月	0.21	0.16	0.79	1.15	0.23	0.22	0.79	0.28
6月	0.70	0.24	1.34	1.15	0.72	0.35	1.25	0.60
7月	1.90	0.79	1.07	1.06	2.00	0.31	1.16	1.11
8月	0.98	0.35	0.59	0.81	1.04	0.16	0.84	0.59
9月	0.59	0.24	0.26	0.80	0.65	0.13	0.83	0.39
平均	0.74	0.31	0.76	0.93	0.79	0.21	0.88	0.52

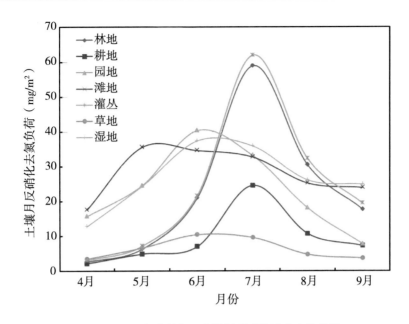

图4-3 不同土地利用下土壤月反硝化速率变化曲线

4.3.2 土壤硝化去氮模拟

土壤硝化模块的输入数据包括：土壤水热模块模拟的日土壤水分和日土壤温度模拟结果，土壤数据库和调节参数。其中，土壤数据库包括土壤中铵态氮含量、土壤田间持水量和土壤凋萎含水量；调节参数包括土壤半深距离和土壤盐基离子影响因子，两个参数分别取值为100mm和0.15。

从表4-4和图4-4可以看出，4—5月，研究区内所有植被类型的硝化速度都呈现出快速增加的趋势。5—7月，林地、耕地、滩地和湿地的硝化速度增长变得缓慢，平均反应速率值分别为11.01g N/m²，11.25g N/m²，11.44g N/m²和10.29g N/m²。7月之后又进入了下降趋势。灌木的时间变化曲线大体与上述土地类型相似，但是在6月有一个较低的陡坡。跟上述土地利用类型不同的是，草地和园地在5月的硝化速度达到高峰，值分别为12.27g N/m²和10.81g N/m²，之后迅速下降。从流域整体上看，7月的土壤月硝化反应速率最高，4月最低。4—9月，各类型的月土壤硝化速率分别为：林地10.04g N/m²，耕地10.25g N/m²，园地6.72g N/m²，滩地10.43g N/m²，灌丛8.75g N/m²，草地7.46g N/m²，湿地9.40g N/m²。

表4-4　不同土地利用类型的土壤月均硝化速率模拟结果

月份	不同土地利用类型的月均硝化速率 [g N/（m²·d）]							流域平均 [g N/（m²·d）]
	林地	耕地	园地	滩地	灌丛	草地	湿地	
4月	0.18	0.19	0.20	0.19	0.19	0.23	0.18	0.19
5月	0.30	0.32	0.35	0.34	0.32	0.40	0.30	0.34
6月	0.39	0.38	0.29	0.38	0.31	0.29	0.35	0.35
7月	0.39	0.39	0.22	0.40	0.32	0.26	0.36	0.33
8月	0.37	0.38	0.15	0.38	0.30	0.14	0.34	0.28
9月	0.35	0.35	0.11	0.35	0.28	0.15	0.32	0.27
平均	0.33	0.34	0.22	0.34	0.29	0.24	0.31	0.29

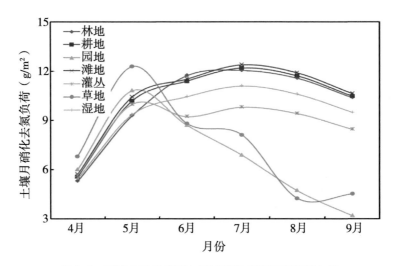

图4-4　不同土地利用下土壤月硝化反应速率变化曲线

4.3.3　土壤氨化去氮模拟

土壤氨挥发模块的输入数据包括：土壤水热模块模拟的日土壤水分和日土壤温度模拟结果、土壤数据库和调节参数。其中，土壤数据库包括土壤中铵态氮含量、土壤田间持水量和土壤凋萎含水量；调节参数包括土壤半深距离和土壤盐基离子影响因子，两个参数分别取值为100mm和0.15。

从土壤氨化去氮的时间分配上看，林地、耕地、滩地、灌丛和湿地在6—8月土壤氨化反应速率较大，平均值为3.83mg N/（m²·d）；草地和园地在5月土壤的氨化反应速率达到高峰，平均值为3.73mg N/（m²·d）（表4-5）。

表4-5　不同土地利用类型的土壤月均氨化速率模拟结果

月份	不同土地利用类型的月均氨化速率/mg N/（m²·d）							流域平均mg N/（m²·d）
	林地	耕地	园地	滩地	灌丛	草地	湿地	
4月	1.51	1.59	1.72	1.63	1.62	1.95	1.56	1.68
5月	2.90	3.18	3.38	3.25	3.12	3.84	3.08	3.29
6月	4.05	3.94	3.01	3.98	3.19	3.04	3.62	3.60
7月	4.01	4.06	2.29	4.11	3.26	2.70	3.78	3.46
8月	3.78	3.82	1.54	3.89	3.08	1.39	3.57	2.85
9月	3.40	3.42	1.04	3.47	2.76	1.48	3.20	2.61
平均	3.27	3.34	2.16	3.39	2.84	2.40	3.13	2.92

　　从图4-5可以看出，4—5月，研究区内所有植被类型的氨化速度都呈现出快速增加的趋势。5—7月，林地、耕地、滩地和湿地的氨化速度增长变得缓慢，平均反应速率值分别为111.87mg N/m²，114.15mg N/m²，115.88mg N/m²和107.04mg N/m²。7月之后又进入了下降趋势。灌木的时间变化曲线大体与上述土地类型相似，但是在6月有一个较低的陡坡。跟上述土地利用类型不同的是，草地和园地在5月的氨化速度达到高峰，之后迅速下降。从流域整体上看，7月的土壤月氨化反应速率最高，4月最低。4—9月，各类型的月土壤氨化速率分别为：林地100.01mg N/m²，耕地101.88mg N/m²，园地66.09mg N/m²，滩地103.53mg N/m²，灌丛86.72mg N/m²，草地72.34mg N/m²和湿地95.72mg N/m²。

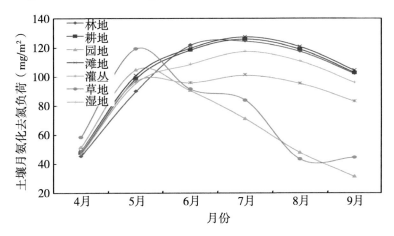

图4-5　不同土地利用下土壤月氨化反应速率变化曲线

4.4 植被营养元素吸收模拟

4.4.1 植被NPP模拟

本部分通过运行RIPAM-N模型模拟得到2015年4—9月月尺度的植被对N元素的吸收过程。为了计算研究区植被的NPP，必须先通过驱动模型的Solar_r.pro和Rn_ET.pro模块，得到月尺度的太阳总辐射、月尺度实际蒸散发和潜在蒸散发，然后输入月尺度的LAI，月均气温，植被类型的数据，并输入植物最大光能利用率、消光系数和PAR与太阳辐射的比例系数等参数。4—9月研究区每个月对N元素吸收负荷的统计结果图4-6所示。

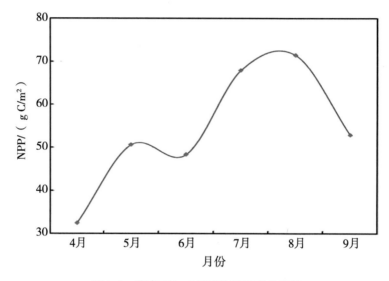

图4-6　研究区4—9月植物NPP变化趋势

对库滨带流域的植物生长NPP模拟结果按照不同土地利用类型进行统计分析，其结果如表4-6所示。图4-7显示了不同土地利用类型下植被NPP的时间变化曲线。

表4-6　不同土地利用类型的NPP模拟结果

月份	不同土地利用类型的NPP $[g\,C/m^2]$						流域平均 $[g\,C/m^2]$
	林地	耕地	园地	湿生植被	灌丛	草地	
4月	48.96	12.96	40.27	21.72	42.96	28.16	32.45

（续表）

月份	不同土地利用类型的NPP［g C/m²]						流域平均［g C/m²]
	林地	耕地	园地	湿生植被	灌丛	草地	
5月	78.76	19.21	61.25	24.95	76.52	41.51	50.60
6月	67.98	21.80	59.65	14.54	71.93	46.38	48.31
7月	92.29	36.79	73.45	17.67	97.72	68.12	67.90
8月	93.43	41.20	80.28	19.79	104.89	74.31	71.42
9月	70.27	30.61	60.76	13.89	76.86	53.70	52.93
平均	75.28	27.09	62.61	18.76	78.48	52.03	53.94

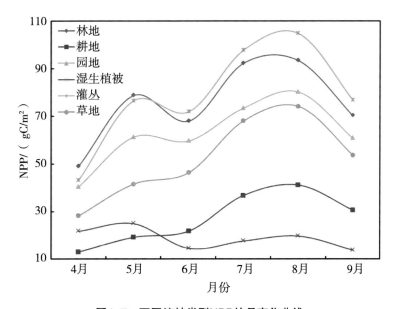

图4-7　不同植被类型NPP的月变化曲线

图4-7显示，不同植被类型在相同时间段内的植物生长量NPP差距很大，但是生长趋势较为一致，4—5月有一个小的NPP增长期，6月各类植被的NPP生长量有所下降，然后7月NPP生长量快速增加至8月各类植被的NPP生长量达到一年中最大值，然后9月NPP生长量开始下降。其中，NPP增幅最大的为灌丛和林地，增幅最小的为湿生植物。4—9月，灌丛和林地的NPP平均值为78.48g C/m²和75.28g C/m²，其次为园地和草地，NPP平均值分别为62.61g C/m²和52.03g C/m²，

3—9月耕地和湿生植被的NPP值最小，分别为27.09g C/m² 和18.76g C/m²。由此判定，密云库滨带流域不同植被类型在生长期内生物量积累存在如下关系：灌丛>林地>园地>草地>耕地>湿生植被群落。

4.4.2 植被N元素吸收负荷模拟

N元素吸收负荷随着月尺度时间变化的曲线如图4-8所示。从4-8的模拟结果可以看出，流域植被在7月和8月显示出较强的去氮能力，去氮负荷分别为1.48g N/m²和1.65g N/m²；其次为5月和6月，它们的去氮负荷分别为0.79g N/m²和0.84g N/m²；4月和9月的去氮负荷最小，它们的去氮负荷分别为0.43g N/m²和0.61g N/m²。

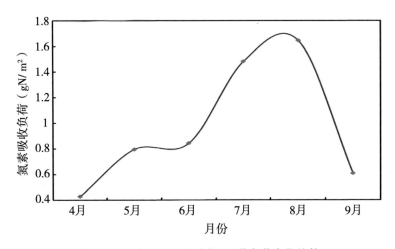

图4-8 研究区4—9月植物N吸收负荷变化趋势

对库滨带流域的植物生长吸收氮素负荷模拟结果按照不同土地利用类型进行统计分析，其结果如表4-7所示。图4-9显示了不同土地利用类型下植被吸收氮素负荷的时间变化曲线。

表4-7 不同土地利用类型的氮素吸收模拟结果

月份	不同土地利用类型的氮素吸收［g N/m²］						流域平均［g N/m²］
	林地	耕地	园地	滩地	灌丛	草地	
4月	0.88	0.09	0.71	0.05	0.38	0.11	0.43
5月	1.65	0.16	1.26	0.08	0.78	0.20	0.79

（续表）

月份	不同土地利用类型的氮素吸收［g N/m²］						流域平均［g N/m²］
	林地	耕地	园地	滩地	灌丛	草地	
6月	1.63	0.23	1.73	0.08	1.17	0.26	0.84
7月	2.57	0.88	2.75	0.12	1.97	0.65	1.48
8月	2.92	1.16	2.91	0.10	1.70	0.62	1.65
9月	0.88	0.59	1.06	0.06	1.24	0.38	0.61
平均	1.75	0.52	1.73	0.08	1.21	0.37	0.97

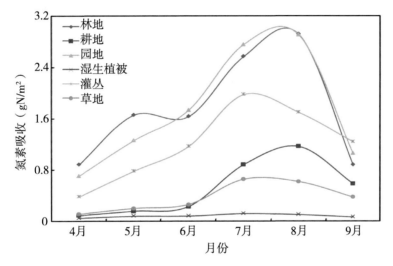

图4-9　不同植被类型对N元素的月吸收负荷

　　表4-7和图4-9显示，研究区不同植被类型对氮元素的吸收负荷变化曲线跟不同植被类型下NPP的变化曲线相似：存在一个小的吸收高峰（5月）和一个大的吸收高峰（7月和8月）。其中，N素吸收负荷增幅最大的为园地和林地，增幅最小的依然为湿生植物。4—9月，园地和林地的N素吸收负荷分别为1.73g N/m²和1.75g N/m²，其次为灌丛、耕地和草地，其N素吸收负荷分别为1.21g N/m²，0.52g N/m²和0.37g N/m²；4—9月湿生植被的N素吸收负荷值最小，为0.08g N/m²。由此判定，密云库滨带流域不同植被类型在生长期内氮素吸收负荷累积存在如下大小关系：林地>园地>灌丛>耕地>草地>湿生植被群落。

4.5 模拟结果验证

由于研究区域封育的客观限制，本研究的模拟结果的验证主要是通过对比文献资料的方式进行间接验证。本研究采用北京师范大学2010年在北京官厅水库库滨带面源污染的研究结果进行验证。官厅水库地处北京西北100km处，河北省怀来县南部和北京市延庆县西部，为多年调节大型水库。官厅水库和密云水库在地理空间上距离较近，库滨带气候、地形和植被覆盖状况有较高的相似性，所以应用其库滨带的研究结果对比分析本研究的模拟结果，具有很好的可行性。其对模型的验证采用原位实验法，采用实测法和作物种植法检测植被对氮的实际吸收能力（Wang et al.，2010）。为了更为有效的防止气候变化对结果对比的影响，本研究采用气温（23.77℃和23.42℃）和降水（71.75mm和72.82mm）在这两个库滨带都比较接近的8月进行对比。对比内容如下。

（1）植被氮素吸收负荷验证

表4-8给出了北京师范大学在官厅水库（王雪蕾，2010）对灌木、草地和湿生植物的实验值，模拟值及其本次研究的模拟值。图4-10显示了文献实验值和本次模拟值的相关性。表4-8显示，文献实验值和文献模拟值及其本次实验模拟值之间的差距较大，这可能跟研究的尺度和实验的选点有关系。但是，通过进行模拟值和文献实验值之间的相关性分析，图4-10显示本次模拟值和文献实验值的相关性非常好，R^2=0.96。除此之外，经过统计计算得到流域植被吸收氮素负荷的平均值，本次模拟植被吸收氮素负荷为1.42g/m^2，文献中流域模拟植被吸收氮素负荷平均值为1.65g/m^2。模拟结果较为准确。

表4-8 氮素吸收验证数据

植被类型	文献实验值（g/m^2）	文献模拟值（g/m^2）	本研究模拟值（g/m^2）
灌丛	16.57	0.25	1.70
草地	9.71	1.82	0.62
湿生植被	7.64	1.48	0.10

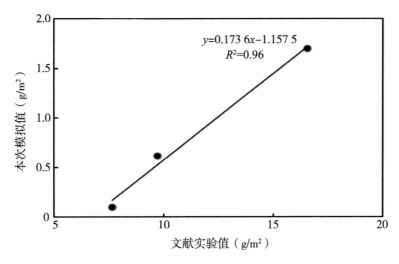

$y=0.173\ 6x-1.157\ 5$
$R^2=0.96$

图4-10 文献实验值和本次模拟值相关性

（2）土壤去氮速率验证

表4-9显示了研究区8月研究区流域平均土壤反硝化、硝化和氨化的土壤速率和文献（Wang et al.，2011）8月相应量值的对比。结果显示，本次模拟值跟文献提供值较为接近。

表4-9 流域土壤去氮速率验证

数据类别	土壤反硝化 [mg N/（m²·d）]	土壤硝化 [g N/（m²·d）]	土壤氨化 [mg N/（m²·d）]
文献	0.75	0.29	2.97
模拟	0.59	0.28	2.85

（3）土壤水分的验证

通过统计分析，本研究模拟的8月的密云水库库滨带流域月平均水分含量为33.90mm，而根据文献的提供的8月的日平均土壤水分含量为34.44mm，流域土壤水模拟接近，为后面的氮素模拟提供了准确的输入数据。

（4）遥感反演参数的验证

除了对模拟结果进行对比验证以外，本次研究还对比了流域月平均地表反照度（Albedo）和植被特征参数。刘晶淼等（2009）在北京站的多年测量数据得出夏季和秋季的Albedo的平均值为0.18，而本研究中Albedo的4—9月平均值分别为：0.15，0.17，0.18，0.16，0.15和0.14。两组数据的值较为接近。

陈丽等（2015）用Landsat TM5反演密云地区的2012年植被特征参数，其中密云水库库滨带8月植被盖度在0.7～0.8，叶面积指数大部分在3～5，而本次研究中密云水库库滨带植被盖度反演平均值为0.74，叶面积指数平均值为3.97，都在文献值的范围之内。

总体来说，在2015年8月，本次模拟的输入参数和模拟结果跟文献对应值较为相近，模拟结果可靠。研究产生的差异是由于地理位置和下垫面条件的一些差异以及模型参数的区域化等造成的。

4.6　小　结

本章主要介绍了应用RIPAM-N模型对密云水库库滨带流域2015年4—9月的土壤水分、土壤温度、土壤释氮和植物吸氮过程进行了模拟。其中，土壤水分和温度的模拟及土壤释氮过程（包括土壤反硝化去氮、土壤硝化去氮和土壤中氨化去氮）模拟为日尺度模拟；植物吸氮过程模拟，包括植物NPP变化模拟和植物对N元素吸收负荷的模拟，其为月尺度模拟。通过对流域数据的统计分析，得到密云水库库滨带流域不同土地利用类型的土壤反应速率规律和不同植被类型的N营养元素吸收规律。主要结论如下。

①土壤水分模拟结果表明：时间分布上，密云水库库滨带在3月、4月和8月的平均土壤水分含量较高，数值分别为27.99%、18.33%和17.22%。

②土壤温度模拟结果表明：研究区4—9月的流域平均20cm土层深度的月均温度分别为为11.75℃、18.21℃、22.01℃、21.66℃、20.71℃和19.06℃。

③耕地和草地在4—9月间的平均土壤反硝化速率较低，平均值分别为0.31和0.21mg N/（m²·d），反硝化速率最大值分别出现在7和6月。

④从土壤硝化去氮的时间分配上看，林地、耕地、滩地、灌丛和湿地在6—8月土壤硝化反应速率较大，平均值为0.36g N/（m²·d）；草地和园地在5月土壤的硝化反应速率达到高峰，平均值为0.35g N/（m²·d）。

⑤从土壤氨化去氮的时间分配上看，林地、耕地、滩地、灌丛和湿地在6—8月土壤氨化反应速率较大，平均值为3.83mg N/（m²·d）；草地和园地在5月土壤的氨化反应速率达到高峰，平均值为3.73mg N/（m²·d）。

⑥NPP模拟结果表明：8月研究区的平均NPP最大，平均值为71.42g C/m²，

其次为7月，平均值为67.90g C/m²，4月的NPP值最小，平均值为32.45g C/m²。

⑦N元素吸收负荷模拟结果表明：流域植被在7月和8月显示出较强的去氮能力，去氮负荷分别为1.48g N/m²和1.65g N/m²；其次为5月和6月，它们的去氮负荷分别为0.79g N/m²和0.84g N/m²；4月和9月的去氮负荷最小，它们的去氮负荷分别为0.43g N/m²和0.61g N/m²。密云库滨带流域不同植被类型在生长期内氮素吸收负荷累积存在如下大小关系：林地>园地>灌丛>耕地>草地>湿生植被群落。从大的植被类型上说，木本植物比草木植物更具N元素吸收能力。

⑧本研究模拟结果的验证采用文献对比的方式进行间接验证。为了更为有效的防止气候变化对结果对比的影响，本研究采用气温和降水在这两个库滨带都比较接近的8月进行对比。结果显示：本次模拟植被氮素吸收负荷值和文献实验值的相关性非常好，R^2=0.96；本次模拟植为1.42g/m²，文献值为1.65g/m²。研究区8月流域平均土壤反硝化、硝化和氨化的速率分别为0.59mg N/（m²·d），0.28g N/（m²·d），2.85mg N/（m²·d）和文献8月相应量值的0.75mg N/（m²·d），0.29g N/（m²·d），2.97mg N/（m²·d）相接近。本研究模拟的8月的密云水库库滨带流域月平均水分含量为33.90mm，而根据文献的提供的8月的土壤水分含量为34.44mm。除了对模拟结果之外，遥感反演参数的对比也显示跟文献对应值较为相近。

5 库滨带非点源污染环境效应分析

库滨带的土地利用结构对于非点源N素的去污具有重要的影响。不同的土地利用类型，有的可以聚集、吸收氮素污染物，起到区域污染物"汇"的作用，有的土地利用类型作用与其相反，会增加了研究区的氮素污染，起到污染物"源"的作用（Prakash等，2000）。所以，本章以RIPAM-N模型的模拟结果为基础，从库滨带土地利用类型出发，对密云水库库滨带非点源污染控制效应进行分析。

5.1 库滨带去污量的估算

应用模型模拟得到2015年4—9月密云水库库滨带流域尺度对N素的去除量时空变化图，并对密云水库库滨带的非典源污染控制效应进行分析。由于土壤反硝化释氮在原理上是土壤中硝态氮的反应，而硝化释氮和氨挥发释氮在原理上均是铵态氮的反应，因此，本章将土壤硝化释氮和氨挥发释氮放在一起进行讨论。

5.1.1 土壤去氮量的估算

土壤硝化反应的产物为硝酸盐，NO和N_2O气体。硝酸盐会继续留在土壤之中，作为植被吸收氮素和土壤反硝化反应过程的输入产物。NO和N_2O气体则会释放到空气之中，是土壤硝化反应的去氮量。在过程模型中，其释放量是土壤反硝化速率的倍数函数。通常情况下，这个倍数因子是通过实地实验率定。而本次模拟研究中不涉及含氮气体释放量的监测，所以，本研究中采用已有研究成果，即硝化释放含氮气体量表示为受土壤温度因子和土壤湿度因子胁迫下的土壤硝化速率的0.002 5倍（Li等，2000）。并且，这个倍数关系已经在华北库滨地区得到了验证，可以应用于本次研究之中。通过对空间分布进行统计分析，得到土壤反硝化去氮量、土壤硝化去氮量、土壤氨化去氮量和土壤去氮总量的月尺度变化曲线（图5-1）。经过计算，4—9月土壤反硝化去氮量、土壤硝化去氮量、土壤氨化去氮量和土壤去氮总量分别为20.02t，28.15t，111.98t和160.15t。

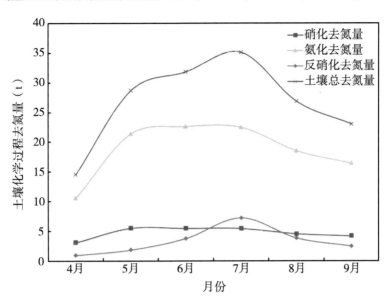

图5-1 密云水库库滨带流域土壤化学过程去氮量的月变化

图5-1表示的是密云水库库滨带流域土壤化学过程总的去氮量的时间变化过程。从图中可以看出，7月的土壤反硝化释氮量最大，值为7.22t，4月值最小，为0.92t。过了施肥期，土壤反硝化释氮量又明显下降，9月值为2.46t。土壤硝化去氮最大值和最小值分别出现在5月和4月，值分别为5.49t和3.07t。氨化去氮的最大值和最小值分别出现在6月和4月，值分别为22.63t和10.56t。从时间变化趋势上可以看出，反硝化去氮过程有一个明显的波峰，出现在7月；而硝化去氮和氨化去氮过程没有明显的波峰，在5—7月较大值时变化较为平缓。土壤总的去氮过程时间变化曲线是这三者的综合，在5月和7月呈现出两次增长趋势，且7月呈现了明显的波峰。

5.1.2 植被吸收氮素的估算

本研究应用在构建的RIPAM-N模型完成了密云水库库滨带流域地表植被对营养N元素吸收的模拟，植被对N元素吸收量的在流域尺度的统计结果如图5-2所示。4—5月植物吸收N量不大，对氮素的吸收量分别为89.33t和166.36t。从6月开始，研究区植被进入快速生长时期，对氮素的吸收也开始增加，到8月研究区植被度氮素的吸收达到最大值。6—8月，研究区对氮素的吸收分别为176.54t，

310.19t和344.713t。从8月开始，研究区植被进入枯萎期，相应的对氮素的吸收也下降，9月植被对氮素的吸收为127.127t。

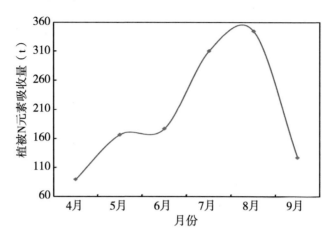

图5-2　4—9月密云水库库滨带流域植物吸收N素总量变化

5.1.3　库滨带总氮去除量的估算

对去除总氮进行统计，得到密云水库库滨带流域4—9月的N元素量的植被生长季变化过程（图5-3）。流域对N素的去除过程包括植物生长和土壤化学释氮两个过程，将两个过程的释氮量进行统计。流域对N素的去除量最大值发生在8月，为371.56t；其次为7月，为345.29t；5月和6月的去氮量分别为195.2t和208.44t；4月和9月对N素的去除量最少，分别为103.94t和150.25t。

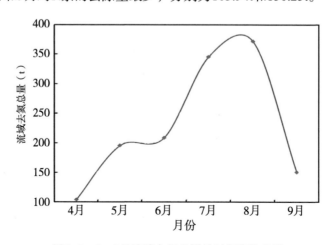

图5-3　4—9月流域去氮总量的时间变化曲线

5.2 库滨带土地利用类型的环境效应分析

根据RIPAM模型模拟的每月去氮速率，乘以库滨带流域面积，在不同土地利用类型下进行统计，从而得出密云水库库滨带不同土地利用类型下土壤去氮（包括土壤反硝化去氮，硝化去氮和氨化去氮三种）和植被去氮量的模拟值，如表5-1所示。

研究结果表明，植被吸氮是研究区去氮的主要方式，其去氮量占到流域总去氮量的88.35%，其次为氨化和硝化去氮，其去氮量占总去氮量的10.19%，反硝化去氮是本研究区中去氮方式最弱的一种方式，其去氮量占总去氮量的1.46%。

表5-1 密云水库库滨带4—9月不同土地类型的土壤和植被去氮量模拟结果

土地利用	反硝化去氮量 （t）	硝化去氮量 （t）	氨化去氮量 （t）	植被氮量 （t）	总去氮量 （t）
林地	11.03	12.13	48.34	847.87	919.36
耕地	1.60	4.31	17.14	86.89	109.94
园地	1.48	1.06	4.19	109.92	116.64
灌丛	0.28	0.25	0.99	13.71	15.22
草地	2.75	7.87	30.97	155.95	197.53
湿生植被	2.91	2.54	10.34	0.13	15.92

表5-1显示不同土地利用类型对土壤去氮过程和植被去氮过程的影响是不同的，但是，无论对于土壤去氮还是对于植被吸氮而言，林地去氮量所占比例都是最大且远远超过其他土地利用类型的去氮量。林地在反硝化去氮，硝化去氮，氨化去氮和植被氮过程中所占比例分别为55.05%，28.16%，43.17%和69.81%。在天然植被中，草地对于土壤和植被去氮过程影响仅次于林地，其去氮量占反硝化去氮，硝化去氮，氨化去氮和植被氮过程的13.71%，27.95%，27.66%和12.84%。除了天然植被林地和草地外，以人工植被为主的土地利用方式（耕地和园地）对反硝化去氮，硝化去氮，氨化去氮和植被氮过程的影响比例为15.34%，19.07%，19.05%，和16.21%。相对于对植被去氮的影响，湿地由于土壤水分较大，对土壤去氮过程的影响较大，占到9.86%。灌丛则与湿地相反，其对于植被去氮的影响较大，占到1.13%。

图5-4，图5-5和图5-6显示了研究区4—9月不同土地利用类型土壤去氮量的时间变化过程。从流域尺度上可以看出，林地、耕地、灌丛、湿生植被的硝化和氨化去氮量最大值都是出现在7月，而草地和园地的最大值出现在5月，特别是草地，在5月之后出现了明显的去氮量剧烈下降的趋势。对于反硝化过程而言，相比较于其他植被类型，林地在一年中反硝化去氮变化比较剧烈，6月以后明显上升，在7月有一个明显的峰值，之后快速下降。这跟2015年研究区的降水过程有关，2015年7月大雨，使得林地的土壤水分快速增加，这加强了土壤的还原能力，增强了土壤的反硝化能力。

天然植被中，林地的土壤硝化去氮量最大，4—9月的最大硝化去氮量为2.43t，总释氮量为12.13t；其次为草地，其最大硝化释氮量为2.16t，4—9月的总释氮量均为7.87t。灌丛虽然具有较大的土壤硝化速率，但是由于这种土地利用类型的占地面积太小，导致释氮量不大，4—9月的总释氮量为0.25t。湿生植被4—9月的总去氮量为2.54t。人工植被中，耕地相比较于园地的硝化去氮量要大，其最大值为0.86t，总值为4.31t；而园地的最大去氮量值为0.29t，总硝化去氮量为1.06t。氨化过程呈现出跟硝化过程一样的趋势，林地、草地、耕地、灌丛、园地和湿生植被在4—9月去氮量最大值分别为10.01t，8.38t，3.53t，0.19t，1.11t和2.10t；它们的总的氨化去氮量分别为48.34t，30.97t，17.14t，0.99t，4.19t和10.31t。反硝化过程中林地表现异常突出，其最大值和总去氮值分别为4.74t和11.03t；其余植被类型的最大反硝化去氮值不超过0.7t，总值不超过3.0t。

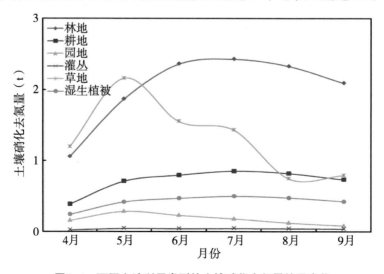

图5-4 不同土地利用类型的土壤硝化去氮量的月变化

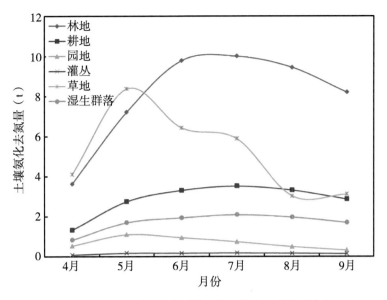

图5-5 不同土地利用类型的土壤氨化去氮量的月变化

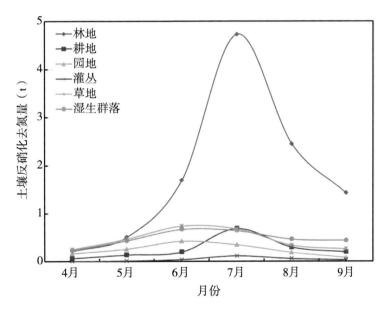

图5-6 不同土地利用类型的土壤反硝化去氮量的月变化

4—9月以天然植被为主的不同土地利用方式下的氮去除量时间变化曲线见图5-7。

从图5-7可以看出：林地类型最有利于氮的去除，4—9月林地对氮的去除量为847.87t，占流域总去氮量的69.81%；其次为草地和园地，总去氮量分别为155.95t和109.92t，占总流域氮总去除量的12.84%和9.05%；灌丛去氮量为13.71t，占总去氮量的1.13%；湿生植被的总去氮量值最小，值为0.13t。由此可以判断，研究区的湿地类型在非点源污染防治中并未起到很好的汇的作用。

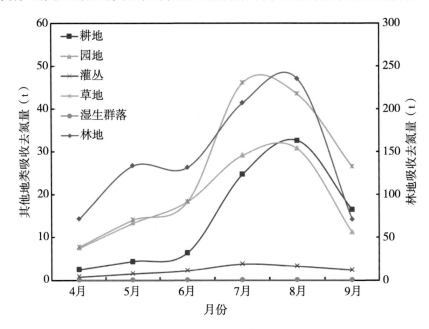

图5-7 不同土地利用类型的植被吸收氮量的月变化

由此可见：林地和草地是去污效果最佳的土地利用类型，同时，灌木和滩地在非点源污染防治方面也起到"汇"的作用，但是湿地的"汇"作用不明显。

5.3 小 结

研究主要运用RIPAM-N模型模拟估算密云水库库滨带2015年4—9月流域的氮素去除量，并分析密云水库库滨带不同土地利用类型对非点源氮素的控制效应。结果如下。

①4—9月密云水库库滨带流域土壤反硝化去氮量、土壤硝化去氮量、土壤氨化去氮量和土壤去氮总量分别为20.02t，28.15t，111.98t和160.15t，植物吸收氮氮量为1 087.13t；密云水库库滨带4—9月对氮素的总去除量为1 407.43t。

②从氮污染物去除途径来看，在本研究区存在如下大小关系：土壤去氮量<植物吸收氮量。其中土壤释去量中，土壤氨化去氮总量>土壤硝化去氮总量>土

壤反硝化去氮总量。

③无论对于土壤去氮还是对于植被吸氮而言，林地去氮量所占比例都是最大且远远超过其他土地利用类型的去氮量。林地在反硝化去氮，硝化去氮，氨化去氮和植被氮过程中所占比例分别为55.05%，28.16%，43.17%和69.81%。在天然植被中，草地对于土壤和植被去氮过程影响仅次于林地，其去氮量占反硝化去氮，硝化去氮，氨化去氮和植被氮过程的13.71%，27.95%，27.66%和12.84%。以人工植被为主的土地利用方式（耕地和园地）对反硝化去氮，硝化去氮，氨化去氮和植被氮过程的影响比例为15.34%，19.07%，19.05%和16.21%。相对于对植被去氮的影响，湿地由于土壤水分较大，对土壤去氮过程的影响较大，占到9.86%。灌丛则与湿地相反，其对于植被去氮的影响较大，占到1.13%。

④从流域尺度上可以看出，林地、耕地、灌丛、湿生植被的硝化和氨化去氮量最大值都是出现在7月，而草地和园地的最大值出现在5月，特别是草地，在5月之后出现了明显的去氮量剧烈下降的趋势。

⑤林地类型最有利于氮的去除，4—9月林地对氮的去除量为847.87t，占流域总去氮量的69.81%；其次为草地和园地，总去氮量分别为155.95t和109.92t，占总流域氮总去除量的12.84%和9.05%；灌丛去氮量为13.71t，占总去氮量的1.13%；湿生植被的总去氮量值最小，值为0.13t。由此可以判断，研究区的湿地类型在非点源污染防治中并未起到很好的汇的作用。

⑥通过RIPAM-N模型的模拟分析，林地和草地是去污效果最佳的土地利用类型，同时，灌木和滩地在非点源污染防治方面也起到"汇"的作用，但是湿地的"汇"作用不明显。

6 主要结论及展望

近年来，越来越多的学者意识到，水体岸边带不仅是对流域非点源污染防治的重要手段，更是对整个流域生态系统进行可持续管理的关键环节。因此，基于北京市水资源短缺和水环境恶化的现实，本文以北京市唯一地表水源地—密云水库库滨带流域为研究对象，从岸边带的非点源污染防治机理出发，构建岸边带非点源污染负荷估算模型，从而对北京市水源地岸边带非点源污染控制效应进行分析。

本文采用北京师范大学开发的岸边带非点源氮素污染负荷估算模型（RIPAM-N）实现密云水库库滨带流域尺度的氮素去污模拟，模拟时间为2015年4—9月。本文研究的主要结论和进展介绍如下。

6.1 主要结论

6.1.1 密云水库库滨带生态环境因子的遥感解析

①通过在研究区设置调查样线8条，调查样点106个，临时标准地20处，调查样点64个，大小乔木样方20处，草本样方424处，灌木样方50处完成了研究区植物类型、群落结构、植被盖度和生物量的调查。通过设置样点，完成了研究区土壤类型、地形地貌和土壤可蚀性和植被根系的调查。

②选择GF-1号遥感影像数据，运用"天—星—地"一体化的方法进行技术方案，完成了研究2015年的土地利用遥感解译。解译结果显示，研究区耕地面积为23.61km²，林地面积为91.45km²，草地面积为77.25km²，水域面积为86.72km²，居工地面积为9.94km²，未利用土地面积为0.34km²。

③以Lansat 8 OLI遥感卫星影像为数据源，定量遥感反演了研究区地表反照度、归一化植被指数、植被盖度、叶面积指数和根系深度。4—9月，研究区地表

反照度、归一化植被指数、植被盖度、叶面积指数和根系深度的流域平均值范围分别为0.13～0.19m，0.27～0.73m，0.42～0.80m，1.42～4.0m和0.25～0.32m。

④采用FAO推荐的方法计算得到研究区4—9月的潜在蒸散发为36.81～95.28mm，计算研究区4—9月地表潜在蒸散发的范围为30.28～80.10mm。

6.1.2　集成遥感信息的RIPAM-N的构建

从库滨带去污机理出发，集成遥感反演环境因子和生态水文循环各个环节子模型，构建了适用于库滨带流域尺度的去氮生态水文模型—RIPAM-N模型（Riparian Model Ntrogen）。RIPAM-N模型概括为两大部分，分别为土壤释氮模拟和植物营养生长模拟，具体分为如下8个子模块：土壤水分子模块、土壤温度子模块、土壤硝化子模块、土壤反硝化子模块、土壤氨挥发子模块、NPP子模块、生产力分配子模块和营养元素吸收子模块。其中反硝化采用基于过程的简单反硝化模型，计算实际反硝化速率求得；硝化和氨挥发模拟也是基于过程模型，主要参考SWAT模型构建。土壤湿度和温度模型分别依据农田水分平衡原理和热传导原理构建模型。土壤释氮过程机理模型均是日尺度模型，植物生长模型采用月尺度模拟，其中NPP模型是主模型，在计算中考虑了土壤水分和大气温度的限制作用。除此之外，本研究还针对原有RIPAM-N模型中植物地下部分考虑不足和运算效率不高的缺点进行了改进，对原模型集成了遥感反演得到的植被地下根系深度数据和影像多线程分块技术算法。

6.1.3　RIPAM-N模拟结果分析与验证

应用RIPAM-N模型对密云水库库滨带流域2015年4—9月的土壤水分、土壤温度、土壤释氮和植物吸氮过程进行了模拟。模拟结果主要得到研究区流域土壤反硝化速率、土壤硝化反应速率、土壤氨挥发反应速率及植被NPP、氮吸收负荷的空间分布情况，并通过对流域数据的统计分析，得到密云水库库滨带流域不同土地利用类型的土壤反应速率规律和不同植被类型的N营养元素吸收规律。结果显示：

①时间分布上，密云水库库滨带在3月、4月和8月的平均土壤水分含量较高，数值分别为27.99%、18.33%和17.22%。

②土壤日均温度波动小，但长时间系列上温度逐渐升高；土地利用方式对土壤20cm深度的温度影响不大。研究区4—9月的流域平均20cm土层深度的月均

温度分别为11.75℃、18.21℃、22.01℃、21.66℃、20.71℃和19.06℃。

③耕地和草地在4—9月的平均土壤反硝化速率较低，平均值分别为0.31和0.21mg N/（m²·d），反硝化速率最大值分别出现在7和6月。

④从土壤硝化去氮的时间分配上看，林地、耕地、滩地、灌丛和湿地在6—8月土壤硝化反应速率较大，平均值为0.36g N/（m²·d）；草地和园地在5月土壤的硝化反应速率达到高峰，平均值为0.35g N/（m²·d）。

⑤从土壤氨化去氮的时间分配上看，林地、耕地、滩地、灌丛和湿地在6—8月土壤氨化反应速率较大，平均值为3.83mg N/（m²·d）；草地和园地在5月土壤的氨化反应速率达到高峰，平均值为3.73mg N/（m²·d）。

⑥8月研究区的平均NPP最大，平均值为71.42g C/m²，其次为7月，平均值为67.90g C/m²，4月的NPP值最小，平均值为32.45g C/m²。密云库滨带流域不同植被类型在生长期内生物量累积存在如下大小关系：灌丛>林地>园地>草地>耕地>湿生植被群落。

⑦流域植被在7月和8月显示出较强的去氮能力，去氮负荷分别为1.48g N/m²和1.65g N/m²；其次为5月和6月，他们的去氮负荷分别为0.79g N/m²和0.84g N/m²；4月和9月的去氮负荷最小，他们的去氮负荷分别为0.43g N/m²和0.61g N/m²。密云库滨带流域不同植被类型在生长期内氮素吸收负荷累积存在如下大小关系：林地>园地>灌丛>耕地>草地>湿生植被群落。从大的植被类型上说，木本植物比草本植物更具氮元素吸收能力。

⑧本研究模拟结果的验证采用文献对比的方式进行间接验证。为了更为有效地防止气候变化对结果对比的影响，本研究采用气温和降水在这两个库滨带都比较接近的8月进行对比。结果显示：本次模拟植被氮素吸收负荷值和文献实验值的相关性非常好，$R^2=0.96$；本次植被吸氮流域平均模拟植为1.42g/m²，文献值为1.65g/m²。研究区8月流域平均土壤反硝化、硝化和氨化的速率分别为0.59mg N/（m²·d），0.28g N/（m²·d），2.85mg N/（m²·d）和文献8月相应量值的0.75mg N/（m²·d），0.29g N/（m²·d），2.97mg N/（m²·d）相接近。本研究模拟的8月的密云水库库滨带流域月平均水分含量为33.90mm，而根据文献的提供的8月的土壤水分含量为34.44mm。除了对模拟结果之外，遥感反演参数的对比也显示跟文献对应值较为相近。

6.1.4 密云水库库滨带流域非点源污染控制效应分析

运用RIPAM-N模型模拟估算密云水库库滨带2015年4—9月流域的氮素去除量，并分析密云水库库滨带不同土地利用类型对非点源氮素的控制效应。结果如下。

①4—9月密云水库库滨带流域土壤反硝化去氮量、土壤硝化去氮量、土壤氨化去氮量和土壤去氮总量分别为20.02t，28.15t，111.98t和160.15t，植物吸收N量为1 087.13t；密云水库库滨带4—9月对N素的总去除量为1 407.43t。

②从氮污染物去除途径来看，在本研究区存在如下大小关系：土壤去氮量<植物吸收氮量。其中土壤释去量中，土壤氨化去氮总量>土壤硝化去氮总量>土壤反硝化去氮总量。

③无论对于土壤去氮还是对于植被吸氮而言，林地去氮量所占比例都是最大且远远超过其他土地利用类型的去氮量。林地在反硝化去氮，硝化去氮，氨化去氮和植被吸氮过程中所占比例分别为55.05%，28.16%，43.17%和69.81%。在天然植被中，草地对于土壤和植被去氮过程影响仅次于林地，其去氮量占反硝化去氮，硝化去氮，氨化去氮和植被吸氮过程的13.71%，27.95%，27.66%和12.84%。以人工植被为主的土地利用方式（耕地和园地）对反硝化去氮，硝化去氮，氨化去氮和植被吸氮过程的影响比例为15.34%，19.07%，19.05%和16.21%。相对于对植被去氮的影响，湿地由于土壤水分较大，对土壤去氮过程的影响较大，占到9.86%。灌丛则与湿地相反，其对于植被去氮的影响较大，占到1.13%。

④从流域尺度上可以看出，林地、耕地、灌丛、湿生植被的硝化和氨化去氮量最大值都是出现在7月，而草地和园地的最大值出现在5月，特别是草地，在5月之后出现了明显的去氮量剧烈下降的趋势。

⑤林地类型最有利于氮的去除，4—9月林地对氮的去除量为847.87t，占流域总去氮量的69.81%；其次为草地和园地，总去氮量分别为155.95t和109.92t，占总流域氮总去除量的12.84%和9.05%；灌丛去氮量为13.71t，占总去氮量的1.13%；湿生植被的总去氮量值最小，值为0.13t。由此可以判断，研究区的湿地类型在非点源污染防治中并未起到很好的汇的作用。

⑥通过RIPAM-N模型的模拟分析，林地和草地是去污效果最佳的土地利用类型，同时，灌木和滩地在非点源污染防治方面也起到"汇"的作用，但是湿地

的"汇"作用不明显。

6.2　不足与展望

　　本研究的重要意义在于进一步丰富了库滨带流域尺度的非点源氮素污染的模拟与评价。整个研究从野外调查到模型搭建，再到最后的结果分析，研究内容较为完整，基本达到了预期的研究目标。但是，还有很多后续的工作需要进一步继续深入的研究。

　　①由于本次研究搜集的基础数据有限，对地表数据搜集较多，地下数据收集较少。所以，本次研究中模型没有考虑地下水的水位波动对于库滨带非点源污染物去除效果的影响。但是，现实情况下，库滨带的地下水埋深浅，且水位波动大，对土壤湿度的影响较大，进而很大程度上影响土壤的反硝化释氮过程，因此未来有必要增加对地下水位的模拟模块。

　　②由于本研究先前实地布设小区被上升水位淹没，新布设的监测小区还在建设之中，所以本次模拟中模型参数的取值及其模拟结果的验证，均是采用已有前人的研究结果。因此，未来需要开展典型土地利用类型的长期野外监测实验，这样才能够使模型使模型在参数率定和结果检验方面更加准确。

参考文献

陈爽，王进，詹志勇，2004. 生态景观与城市形态整合研究[J]. 地理科学进展，23（5）：67-77.

楚纯洁，宋立生，刘金鑫，2010. 白龟山水库库滨带土地利用的生态环境影响评价[J]. 水土保持通报，30（5）：206-211.

戴金水，2005. 西沥水库构建生态库滨带的实践[J]. 中国水利（6）：32-34.

段诚，2014. 典型库岸植被缓冲带对陆源污染物阻控能力研究[D]. 武汉：华中农业大学.

段守敬，吴传庆，王晨，等，2016. 淮河干流岸边带生态健康遥感评估[J]. 中国环境科学，36（1）：299-306.

范俊生，潘福达，2014. 密云水库退耕10万亩[N]. 北京日报.

房剑，彭振林，高克东，2004. 太阳总辐射气候学计算及其特征分析[J]. 辽宁气象（1）：25-26.

高大文，杨帆，2010. 滨岸缓冲带在水源地农业面源污染防治上的应用[J]. 环境科学与技术，33（10）：92-96.

黄金良，李青生，洪华生，等，2011. 九龙江流域土地利用/景观格局——水质的初步关联分析[J]. 环境科学，32（1）：64-72.

雷志栋，杨诗秀，谢森传，1988. 土壤水动力学[M]. 北京：清华大学出版社.

刘昌明，杨胜天，温志群，等，2009. 分布式生态水文模型EcoHAT系统开发及应用[J]. 中国科学E辑：技术科学，39（6）：1 112-1 121.

刘晶淼，马金玉，李世奎，等，2009. 华北平原北部太阳辐射及地表辐射平衡特征[J]. 太阳能学报，5（30）：577-585.

卢宝倩，2008. 滨岸缓冲带对农田径流氮、磷污染物的去除效果研究[M]. 上海：东华大学出版社.

宋思铭，2012. 河岸缓冲带净水效果及优化配置技术研究[D]. 北京：北京林业大学.

宋文龙，杨胜天，高云飞，等，2012. 便携式生态水文实验与监测系统（Eco-monitors）的集成与应用[J]. 南水北调与水利科技，10（5）：7-12.

王培娟，2006. 复杂地形条件下森林植被净第一性生产力模拟及其尺度转换研究[D]. 北京：北京师范大学.

王晓燕，2011. 非点源污染过程机理与控制管理——以北京密云水库流域为例[M]. 北京：科学出版社.

王雪蕾，2010. RIP_N模型的改进及其在非点源污染防治中的应用——以官厅水库岸边带保护区为例[D]. 北京：北京师范大学.

王雪蕾，刘昌明，杨胜天，等，2009. RIP-N模型对官厅水库库滨带去氮效应的流域尺度模拟分析[J]. 环境科学，30（9）：2 502-2 511.

王懿贤，1983. 彭门蒸发力快速查表算法[J]. 地理研究，2（1）：94-107.

王紫琦，2015. 北京城市河岸带结构对河流水质的影响[D]. 北京：北京林业大学.

吴薇，姚娜，赵书华，等，2015. 丹江口库区典型坡面不同土地利用硝态氮水平运移特征[J]. 水土保持研究，22（1）：33-43.

宿辉，蒋婷，姜新佩，2014. 滨岸缓冲带脱氮性能试验研究[J]. 科学技术与工程，20（14）：308-311.

阎丽凤，2010. 河岸缓冲带对氮、磷污染物的去除效果研究[D]. 阜新：辽宁工程技术大学.

杨胜天，2012. 生态水文模型与应用[M]. 北京：科学出版社.

杨胜天，2015. 遥感水文软件教程：EcoHAT使用手册[M]. 北京：科学出版社.

杨胜天，2015. 遥感水文数字实验：EcoHAT使用手册[M]. 北京：科学出版社.

杨胜天，朱启疆，李天杰，2001. RS和GIS支持下的土壤系统分类制图方法研究——以贵州省贵阳市为例[J]. 土壤学报，38（1）：41-48.

张建春，彭补拙，2002. 河岸带及其生态重建研究[J]. 地理研究，21（3）：373-383.

张炜，何瑞敏，张静芳，等，2006. 遥感技术在现代水文学中的应用[J]. 内蒙古水利（4）：6-8.

张志明，1990. 计算蒸发量的原理与方法[M]. 成都：成都科技大学出版社.

赵书法，2012. 植被缓冲带农业非点源氮磷迁移特征研究[D]. 武汉：华中农业大学.

赵英时，2003. 遥感应用分析原理方法[M]. 北京：科学出版社.

Altier L S, Lowrance R, Williams R G, et al, 2002. Riparian ecosystem management model: Simulator for ecological processes in riparian zones[R]. United States Department of Agriculture, Agricultural Research Service, Conservation Research Report.

Andersen J, Refsgaard J C, Jensen K H, 2001. Distributed hydrological modeling of the Senegal River Basin—model construction and validation[J]. Journal of Hydrology, 247: 200-214.

Arnold J G, Williams J R, Srinivasan R, et al, 1994. SWAT, Soil and Water Assessment Tool[R]. USA: USDA, Agriculture Research Service, Grassland, Soil &Water Research Laboratory.

Chen J M, Pavlic G, Brown L, et al, 2002. Derivation and validation of Canada-wide coarse-resolution leaf area index maps using high-resolution satellite imagery and ground measurements[J]. remote sensing of environment, 80: 165-184.

Corwin D L, Vaughan P J, 1997. Modeling nonpoint source pollutants in the Vadose Zone with GIS[J]. Environmental Science and Technology, 31（8）：2 157-2 175.

Cowles T R, McNeil B E, Eshleman K N, et al, 2014. Does the spatial arrangement of disturbance within forested watersheds affect loadings of nitrogen to stream waters? A test using Landsat and synoptic stream water data[J]. International Journal of Applied Earth Observation and

Geoionformation, 26: 80-87.

DEJong R, Cameron D R, 1979. Computer simulation model for predicting soil water content profiles[J]. Soil sci., 128（1）: 41-48.

Dosskey M G, Helmers M J, Eisenhauer D E, 2008. A design aid for determining width of filter strips[J]. Journal of Soil and Water Conservation, 63: 232-241.

Dosskey M G, Vidon P, Gurwick N P, et al, 2010. The Role of Riparian Vegetation in Protecting and Improving Chemical Water Quality in Streams[J]. Journal of the American Water Resources Association（JAWRA）, 46（2）: 261-277.

Fu B, Burgher I, 2015. Riparian vegetation NDVI dynamics and its relationship with climate, surface water and groundwater[J]. Journal of Arid Environments, 113: 59-68.

Grant R F, 2001. A Review of the Canadian ecosystem model-ecosys[M]. Lewis Publishers, Boca Raton, FL.

Guo E H, Chen L D, Sun R H, et al, 2014. Effects of riparian vegetation patterns on the distribution and potential loss of soil nutrients: a case study of the Wenyu River in Beijing[J]. Frontier of Environmental Science &Engineering in China, 9（2）: 279-287.

Hutton C, Brazier R, 2012. Quantifying riparian zone structure from airborne LiDAR: Vegetation filtering, anisotropic interpolation, and uncertainty propagation[J]. Journal of Hydrology, 442-443: 36-45.

Jiang P H, Cheng L, Li M C, et al, 2015. Impacts of LUCC on soil properties in the riparian zones of desert oasis with remote sensing data: A case study of the middle Heihe River basin, China[J]. Science of The Total Environment, 506-507: 259-271.

Jones C A, Kiniry J R, 1986. CERES-Maize: a simulation model of maize growth and development[J]. TEXAS A & M University press, 79-90.

Kellogg C H, Zhou X B, 2014. Impact of the construction of a large dam on riparian vegetation cover at different elevation zones as observed from remotely sensed data[J]. International Journal of Applied Earth Observation and Geoionformation, 32: 19-34.

Krysanova V, Haberlandt U, 2002. Assessment of nitrogen leaching from arable land in large river basins Part I. Simulation experiments using a process-based model[J]. Ecological Modelling, 150（3）: 255-275.

Kuo Y M, Munoz-Carpena R, 2009. Simplified modeling of phosphorus removal by vegetative filter strips to control run off pollution from phosphate mining areas[J]. Journal of Hydrology, 378: 343-354.

Lefsky M A, Cohen W B, Parker G G, et al, 2002. LIDAR Remote sensing for ecosystem studies[J]. Bioscience, 52: 19-30.

Li C S and Aber J, 2000. A process-oriented model of N_2O and NO emissions from froest soils: 1. model development[J]. Journal of geophysical research, 105: 4 369-4 384.

Liang S, 2001. Narrowband to Broadband Conversion of Land Surface Albedo. I. Algorithms[J].

Remote Sensing of Environment, 76: 213-238.

Liang S, Shuey C J, Russ A L, et al, 2002. Narrowband to broadband conversions of land surface albedo: II. Validation[J]. Remote Sensing of Environment, 84: 25-41.

Lieth H, 1975. Primary Productivity of the Biosphere[M]. New York: Springer-Verlag.

Lowrance R, Altier I S, Williams R G, et al, 1997. Herbicide transport in a managed riparian forest buffer system[J]. Trans. of the ASAE, 40 (4): 1 047-1 057.

Lowrance R, Altier L S, Williams R G, et al, 2000. REMM: the Riparian Ecosystem Management Model. Journal of Soil and Water Conservation Ankeny (55): 27-34.

Maillard P, Santosb N A P, 2008. A spatial-statistical approach for modeling the effect of non-point source pollution on different water quality parameters in the Velhas river watershed-Brazil[J]. Journal of Environmental Management, 86 (1): 158-170.

Monsi M, Saeki T, 1953. Über den Lichtfaktor in den Pflanzengesellschaften und seine Bedeutung für die Stoffproduktion[J]. Japanese Journal of Botany, 14: 22-52.

Nanus L, Williams M W, Campbell D H, et al, 2008. Evaluating regional patterns in nitrate sources to watersheds in national parks of the Rocky Mountains using nitrate isotopes[J]. Environmental Science & Technology, 42 (17): 6 487-6 493.

Natural Resource Conservation Service, USDA, 1998. Buffer Strips: commen sense conservation[R]. Washington, D. C.

Nilson T, 1971. A theoretical analysis of the frequency of gaps in plant stands[J]. Agric Meteorol, 8: 25-38.

Prakash Basnyat L D, Teeter B G, Lockaby, 2000. The use of remote sensing and GIS in watershed level analyses of non-point source pollution problems[J]. Forest Ecology and Management, 128: 65-73.

Prescott J A, 1940. Evaporation for a water-surface in relation to solar radiation[J]. Trans Roy Soc Aust, 64: 125-134.

Rafael M C, John E P, 2005. Vegetative Filter Strips Hydrology and Sediment Transport Modelling System Documentation and User's Manual[M]. Florida: Institute Food and Agricultural Sciences University of Florida.

Ritchie J T, Hanks J, 1991. Modeling plants and soil system[J]. ASA-CSSA-SSSA, 537.

Sabbagh G J, Fox G A, Kamaxizi A, et al, 2009. Effectiveness of vegetative filter strips in reducing pesticide loading: Quantifying pesticide trapping efficiency[J]. Journal of Environmental Quality, 38: 762-771.

Sobota D J, Johnson S L, Gregory S V, et al, 2012. A stable isotope tracer study of the influences of adjacent land use and riparian condition on fates of nitrate in streams[J]. Ecosystems, 15: 1-17.

Sogbedi J M, van Es H M, Huton J L, 2001. N fate and transport under variable cropping history and fertilizer rate on loamy sand and clay loam soils: I. Calibration of the LEACHM model[J]. Plant Soil, 229: 57-70.

Su Z, 2002. The Surface Energy Balance System (SEBS) for estimation of turbulennt heat fluexes[J]. Hydrology and Earth System Sciences, 6 (1) : 85−99.

Thomas J W, Maser C, Rodiek J E, 1979. Riparian zones[A]. In: Thomas J W ed. Wildlife habitats in managed forests: The blue mountains of Oregon and Washington[C]. Washington: USDA Forest Service Agricultural handbook, 41−47.

Tueker M A, Thomas D L, Boseh D D, et al, 2000. GIS-based coupling of GLEAMS and REMM hydrology: development and sensitivity[J]. Transactions-of-the-ASAE, 43 (6) : 1 525−1 534.

Vinukollu R K, 2011. Quantifying global evapotranspiration from remote sensing: Estimates, trends and uncertainties in terrestrial hydrology[D]. Princeton Universtity, 345−625.

Wang W Q, Wang C, Sardans J, et al, 2015. Agricultural land use decouples soil nutrient cycles in a subtropical riparian wetland in China[J]. Catena, 133: 171−178.

Wang X L, Wang Q, Yang S T, et al, 2011. Evaluating nitrogen removal by vegetation uptake using satellite image time series in riparian catchments[J]. Science of the Total Environment, 409: 2 567−2 576.

附　录

附录1　土地利用分类系统

一级分类	二级分类	
1 耕地：指种植农作物的土地，包括熟耕地、新开荒地、休闲地、轮歇地、草田轮作地；以种植农作物为主的农果、农桑、农林用地；耕种三年以上的滩地和海涂	11	**水田**：指有水源保证和灌溉设施，在一般年景能正常灌溉，用以种植水稻、莲藕等水生农作物的耕地，包括实行水稻和旱地作物轮种的耕地
	111	山区水田
	112	丘陵区水田
	113	平原区水田
	114	>25°坡度区的水田
	12	**旱地**：指无灌溉水源及设施，靠天然降水生长作物的耕地；有水源和浇灌设施，在一般年景下能正常灌溉的旱作物耕地；以种菜为主的耕地；正常轮作的休闲地和轮歇地
	121	山区旱地
	122	丘陵区旱地
	123	平原区旱地
	124	>25°坡度区的旱地
2 林地：指生长乔木、灌木、竹类以及沿海红树林地等林业用地	21	**有林地**：指郁闭度>30%的天然林和人工林。包括用材林、经济林、防护林等成片林地
	22	**灌木林地**：指郁闭度>40%、高度在2米以下的矮林地和灌丛林地
	23	**疏林地**：指郁闭度为10%～30%的稀疏林地
	24	**其他林地**：指未成林造林地、迹地、苗圃及各类园地（果园、桑园、茶园、热作林园等）

（续表）

一级分类	二级分类
3 草地：指以生长草本植物为主、覆盖度在5%以上的各类草地，包括以牧为主的灌丛草地和郁闭度在10%以下的疏林草地	31 高覆盖度草地：指覆盖度>50%的天然草地、改良草地和割草地。此类草地一般水分条件较好，草被生长茂密 32 中覆盖度草地：指覆盖度在20%～50%的天然草地和改良草地，此类草地一般水分不足，草被较稀疏 33 低覆盖度草地：指覆盖度在5%～20%的天然草地，此类草地水分缺乏，草被稀疏，牧业利用条件差
4 水域：指天然陆地水域和水利设施用地	41 河渠：指天然形成或人工开挖的河流及主干渠常年水位以下的土地。人工渠包括堤岸 42 湖泊：指天然形成的积水区常年水位以下的土地 43 水库、坑塘：指人工修建的蓄水区常年水位以下的土地 44 冰川和永久积雪地：指常年被冰川和积雪覆盖的土地 45 海涂：指沿海大潮高潮位与低潮位之间的潮浸地带 46 滩地：指河、湖水域平水期水位与洪水期水位之间的土
5 城乡、工矿、居民用地：指城乡居民点及其以外的工矿、交通等用地	51 城镇用地：指大城市、中等城市、小城市及县镇以上的建成区用地 52 农村居民点用地：指镇以下的居民点用地 53 工交建设用地：指独立于各级居民点以外的厂矿、大型工业区、油田、盐场、采石场等用地，以及交通道路、机场、码头及特殊用地
6 未利用土地：目前还未利用的土地，包括难利用的土地	61 沙地：指地表为沙覆盖、植被覆盖度在5%以下的土地，包括沙漠，不包括水系中的沙滩 62 戈壁：指地表以碎石为主、植被覆盖度在5%以下的土地 63 盐碱地：地表盐碱聚集、植被稀少，只能生长强耐盐碱植物的土地 64 沼泽地：指地势平坦低洼、排水不畅、长期潮湿、季节性积水或常年积水，表层生长湿生植物的土地 65 裸土地：指地表土质覆盖、植被覆盖度在5%以下的土地 66 裸岩石砾地：指地表为岩石或石砾，其覆盖面积>50%的土地 67 其他：指其他未利用土地，包括高寒荒漠、苔原等

附录2 RIPAM-N模型数据准备

太阳辐射计算数据准备

模型名称：Solar radiation

表1 Solar radiation输入数据

输入参数	数据格式	内容	单位
Year，month	文本格式	数据的时间	年，月
Latitude	栅格格式	地理经度	°
RH	文本格式	相对湿度	h
Dem	栅格格式	高程	m
Pre	文本格式	降雨	mm
Tmax，tmin，tav	文本格式	气温参数	℃
I_0	文本格式	太阳常数	MJ/ (m^2·s)
T	文本格式	周期	S

表2 Solar radiation输出数据

输出参数	数据格式	内容	单位
dd_av	栅格格式	积日	日
Qav	栅格格式	月均太阳总辐射	W/m^2
Q	栅格格式	日太阳总辐射	W/m^2
rn_down	栅格格式	下行净辐射	W/m^2
rn_up	栅格格式	上行净辐射	W/m^2
rn_month	栅格格式	月总净辐射	W/m^2
rn	栅格格式	日净辐射	W/m^2

土壤水分计算数据准备

模型名称：Soil_w

表3　Soil_w模型输入

输入参数	数据格式	内容	单位
Sw0	栅格格式	初始土壤含水量	mm
LAI	栅格格式	叶面积指数	
ETp	栅格格式	潜在蒸散	mm
SW_{FC}，SW_w	文本格式	田间持水量 饱和含水量	mm
Z_root	文本格式	根系深度	mm
β_r	文本格式	有效水分配日系数	
Z	文本格式	土层深度	mm
P	文本格式	降雨	mm

表4　Soil_w模型输入

输出参数	数据格式	内容	单位
sw_av	栅格格式	月均土壤含水量	mm
sw	栅格格式	日土壤含水量	mm

土壤温度计算数据准备

模型名称：Soil_t

表5　Soil_t模型输入

输入参数	数据格式	内容	单位
Ts0	栅格格式	大气温度	℃
T_{ssurf}	文本格式	土壤地表温度	℃

（续表）

输入参数	数据格式	内容	单位
$\overline{T}_{AAair}$	文本格式	年均大气温度	℃
Z	文本格式	土层厚度	mm
ρ_b	文本格式	土壤容重	g/cm^3
Z_{tot}	文本格式	土壤全剖面厚度	mm
ζ	文本格式	温度传播的延迟因子	—
SW	栅格格式	土壤含水量	mm

表6　Soil_t模型输出

输出参数	数据格式	内容	单位
$T_S(z, d_n)$	栅格格式	第d_n天，Z深度的土壤温度	℃

植被净第一性生产力（NPP）模型计算数据准备

模型名称：NPP_function

表7　NPP_function模型输入

输入参数	数据格式	内容	单位
Tair	栅格格式	大气温度	℃
LAI	栅格格式	叶面积指数	无量纲
Q	栅格格式	太阳辐射	MJ/m^2
Plant_type	栅格格式	植被类型	无量纲
ETp	栅格格式	潜在蒸散发	mm
ETa	栅格格式	实际蒸散发	mm

表8　NPP_function计算输出数据

输出参数	数据格式	内容	单位
NPP	栅格格式	植被净第一性生产力	gC/m^2

植物吸氮计算数据准备

模型名称：NPP_UP

表9　NPP_UP模型输入

输入参数	数据格式	内容	单位
X_{avail}	栅格格式	土壤中可被植物吸收的氮元素的含量	gC/m^2
X_{dem}	文本格式	植物生长对氮元素的需求量	gC/m^2
K_{retra}	文本格式	返回系数	无量纲
$folX$	文本格式	叶片中氮元素的含量	g/g
F_B	文本格式	叶片部分的NPP	gC/m^2
X_W	文本格式	枝干中氮元素的含量	g/g
W_B	文本格式	枝干部分的NPP	gC/m^2
X_r	文本格式	根系中氮元素的含量	g/g
R_B	文本格式	根系部分的NPP	gC/m^2
NPP	栅格格式	植被净第一性生产力	gC/m^2
X_{cont}	文本格式	草本植物中氮元素的含量	g/g

表10　NPP_UP模型输出

输出参数	数据格式	内容	单位
X_{uptake}	栅格格式	植物吸收的氮元素量	gC/m^2

土壤反硝化速率计算数据准备

模型名称：Dis_nit

表11　Dis_nit模型输入

输入参数	数据格式	内容	单位
SW	栅格格式	土壤水分	mm
Ts	栅格格式	土壤温度	℃

（续表）

输入参数	数据格式	内容	单位
α_{om}	文本格式	初始化文本	—
T_r	文本格式	参考温度	℃
Q_{10}	文本格式	反硝化速率的增长因子	℃
N_{crit}	文本格式	初始化文本	mg/kg
pH	文本格式	土壤pH值	—
SW_{FC}	文本格式	田间持水量	mm
N	文本格式	硝酸盐含量	mg/kg

表12　Dis_nit模型输出

输出参数	数据格式	内容	单位
Disnit_av	栅格格式	月均反硝化量	mg N/m²
Disnit_month	栅格格式	月总反硝化量	mg N/m²
disnit	栅格格式	日反硝化量	mg N/（m²·d）

土壤硝化和氨挥发释氮计算数据准备

模型名称：Nit&vol

表13　Nit&vol模型输入

输入参数	数据格式	内容	单位
SW	栅格格式	土壤水分	mm
Ts	栅格格式	土壤温度	℃
$NH_{4,l}^+$	文本格式	氨氮含量	mg/kg
$\eta_{cec,l}$	文本格式	阳离子交换影响因子	—
SW_{FC}, SW_w	文本格式	田间持水量 饱和含水量	%
Z	文本格式	土层厚度	mm
ρ_b	文本格式	土壤属性数据	g/cm³

表14　Nit&vol模型输出

输出参数	数据格式	内容	单位
nit_day	栅格格式	日硝化能力	kg N/m^2
nit_month	栅格格式	月硝化能力	kg N/m^2
nit_vol_day	栅格格式	日硝化和氨挥发	kg N/m^2
nit_vol_month	栅格格式	日硝化和氨挥发	kg N/m^2
vol_day	栅格格式	日氨挥发能力	kg N/m^2
vol_month	栅格格式	月氨挥发能力	kg N/m^2